"十三五"国家重点出版物出版规划项目

能源革命与绿色发展丛书

智能电网关键技术研究与应用丛书

# 电力系统运行调度的
# 有效静态安全域法

杨 明 著

机械工业出版社

本书系统地介绍了电力系统运行调度的有效静态安全域法。在含高比例可再生能源发电电力系统中，如何应对节点注入功率的不确定性已成为电力系统运行调度必须解决的问题。在对主动可控变量进行决策的同时，对节点扰动被动量的可接纳范围进行表达与优化，这是本书提出有效静态安全域系列方法的重要动因。

本书共分7章，分别介绍了有效静态安全域的理论基础（包括基本概念与数学基础）、以有效静态安全域最大化为目标的优化调度方法、保守度可控的有效静态安全域法、计及随机统计特性的运行调度有效静态安全域法、柔性超前调度的有效静态安全域法和高阶不确定条件下超前调度的有效静态安全域法等内容。书中主要章节在分析电力系统运行控制物理机理的基础上，运用相应数学理论，构建了运行调度有效静态安全域法的系列模型与算法，并逐章给出了在简单6节点系统、扩展 IEEE 118 节点系统、某实际445节点系统上的算例分析，验证所述方法的有效性，增强读者对于方法的理解。

本书内容深入浅出、系统连贯、自成体系，可为从事电力系统运行调度方向的研究生、科研人员和工程技术人员提供有益参考。

## 图书在版编目（CIP）数据

电力系统运行调度的有效静态安全域法/杨明著 . —北京：机械工业出版社，2019. 5

（能源革命与绿色发展丛书 . 智能电网关键技术研究与应用丛书）

"十三五"国家重点出版物出版规划项目

ISBN 978-7-111-62705-0

Ⅰ. ①电… Ⅱ. ①杨… Ⅲ.①电力系统调度－调度自动化系统 Ⅳ. ①TM734

中国版本图书馆 CIP 数据核字（2019）第 087195 号

机械工业出版社（北京市百万庄大街22号　邮政编码100037）
策划编辑：付承桂　责任编辑：李小平
责任校对：李　伟　封面设计：马精明
责任印制：张　博
北京铭成印刷有限公司印刷
2019 年 6 月第 1 版第 1 次印刷
169mm×239mm · 6.5 印张 · 2 插页 · 125 千字
标准书号：ISBN 978-7-111-62705-0
定价：59.00 元

电话服务　　　　　　　　　　　网络服务
客服电话：010 - 88361066　　　机 工 官 网：www. cmpbook. com
　　　　　010 - 88379833　　　机 工 官 博：weibo. com/cmp1952
　　　　　010 - 68326294　　　金 书 网：www. golden - book. com
封底无防伪标均为盗版　　　　　机工教育服务网：www. cmpedu. com

# 前　言

随着随机性可再生能源发电接入电力系统规模的不断扩大，电力系统运行中的随机性不断增强。为此，如何利用电力系统有限的可调度资源，更好地接纳高比例可再生能源发电，减少弃风、弃光、切负荷等现象的发生，成为电力系统运行调度理论发展所必须解决的重要问题。

在上述背景下，作者在国家自然科学基金项目"鲁棒优化在电力系统调度决策中的应用研究"（51007047）的资助下，以含高比例随机性可再生能源发电电力系统为背景，针对经济调度中的扰动接纳问题，开展了专门研究，并依据随机规划、鲁棒优化等数学优化方法以及电力系统运行的物理规律，提出了"电力系统运行调度的有效静态安全域法"系列方法，以协调电力系统运行经济性与对可再生能源发电的接纳能力。

总的来讲，电力系统运行调度有效静态安全域法的特点为：①相比于经典静态安全域，有效静态安全域与不确定变量的不确定程度紧密关联，只有与不确定变量扰动范围相重合的静态安全域才是有效的，即为有效静态安全域；②预决策过程与补偿控制过程紧密结合，方法是利用扰动后的既定补偿规律，在预决策过程中就对扰动后的系统控制动作做出了预先的计划与安全性预判，从而保证了系统在扰动情况下的经济性与安全性；③将随机优化方法与鲁棒优化方法有机融合，通过在决策中计及不确定量的概率分布，提高了方法均衡收益与风险的能力；同时，借助鲁棒优化的模型转化手段，提高决策效率，增强了方法对于大系统的适用性。上述特点，使得电力系统运行调度的有效静态安全域法能够适应高比例随机性电源接入电网的运行环境，为提高电力系统可再生能源发电的接纳能力提供了决策方法上的有力支持。

本书结构按照由浅入深，逐步展开的原则设计。书的第 1 章介绍了电力系统运行调度的理论基础，在电力系统经典静态安全域的基础上，引出有效静态安全域的概念，并对鲁棒优化、随机规划、分布鲁棒优化等优化理论进行了论述。第 2 章介绍了一种以有效静态安全域最大化为目标的实时调度方法，可以实现有效静态安全域最大化条件下的经济性最优。第 3 章介绍了一种保守度可控的有效静态安全域法，通过在第 2 章实时调度模型的两层目标处理过程中，加入保守度控制系数 $\beta$，改进优先目标规划方法，从整体上控制有效静态安全域的大小，从而达到求解两层目标帕累托最优的目的。第 4 章介绍了一种考虑随机扰动概率分布特征的有效静态安全域的构建方法以及相应的调度决策方法。第 5 章进一步考虑

了时段间的关联性，以此增加系统运行中的柔性，以应对时段间等效负荷的快速变化。第 6 章则对概率分布自身的不确定性问题进行了探讨，提出了考虑随机性电源高阶不确定统计特征的有效静态安全域优化调度方法。最后一章，对全书的内容进行了概括和总结。

本书是团队研究成果的总结，在此感谢直接参与此项研究的硕士与博士研究生程凤璐、于丹文、李鹏和张玉敏，以及在书籍整理过程中给予帮助的其他多位同学。此外，还要衷心感谢在写书过程中给予指导的韩学山教授以及参与讨论的课题组其他老师。

本书内容体现的研究成果是阶段性的，由于作者水平有限，难免存在缺陷与不足，恳请读者给予批评和指正。

**杨明**

2019 年 5 月，济南

# 主要符号表

**变量：**

| | |
|---|---|
| $\boldsymbol{x}$ | $n$ 阶待决策向量 |
| $k$ | 引入的新决策变量 |
| $\Delta \hat{d}_i^{\max}$、$\Delta \check{d}_i^{\max}$ | 第 $i$ 个节点上静态安全域允许扰动的上、下范围 |
| $p_i$ | 第 $i$ 台 AGC 机组的运行基点 |
| $\Delta \check{p}_i$ | AGC 机组的输出功率调整量 |
| $d_j$ | 第 $j$ 个负荷节点上待分配的负荷量 |
| $\Delta \hat{p}_i^{\max}$、$\Delta \check{p}_i^{\max}$ | AGC 机组的上调、下调备用量 |
| $\alpha_i$ | 第 $i$ 台 AGC 机组的参与因子 |
| $y_i^{\mathrm{up}}$、$y_i^{\mathrm{dn}}$ | 处理不确定性时引入的新的非负连续变量 |
| $\lambda_{jl}^{\mathrm{up}}$、$\lambda_{jl}^{\mathrm{dn}}$ | 支路潮流约束的附加决策变量 |
| $\Delta \tilde{d}_j$ | 节点 $j$ 负荷扰动量 |
| $Z^*$ | 目标函数第一层优化所得的最佳目标值 |
| $\Delta \tilde{w}_m$ | 节点 $m$ 接入风电功率的波动量 |
| $\Delta \hat{w}_m^{\max} \Delta \check{w}_m^{\max}$ | 节点 $m$ 接入风电功率的最大向上、向下扰动量 |
| $w^{\mathrm{u}}$、$w^{\mathrm{l}}$ | 风电注入节点风电可接纳范围的上、下限值 |
| $w_m^{\mathrm{u}}$、$w_m^{\mathrm{l}}$ | 节点 $m$ 风电可接纳范围的上、下限值 |
| $x_m$ | 节点 $m$ 风电接入的实际功率（随机量） |
| $x_m^{\mathrm{l}}$、$x_m^{\mathrm{u}}$ | 风电注入功率 $x_m$ 在期望值左、右侧的取值 |
| $w_{m,s}^{\mathrm{l}}$、$w_{m,s}^{\mathrm{u}}$ | $w_m^{\mathrm{l}}$、$w_m^{\mathrm{u}}$ 在线段 $s$ 内的取值 |
| $U_{m,s}^{\mathrm{u}}$、$U_{m,s}^{\mathrm{l}}$ | 标识实际风电功率是否位于线段 $s$ 的 0、1 变量 |

| | |
|---|---|
| $d_{j,t}$ | 负荷节点 $j$ 上在时刻 $t$ 的负荷量 |

**参数：**

| | |
|---|---|
| $\boldsymbol{c}$ | 线性目标函数中的参数向量 |
| $\boldsymbol{A}$ | 约束方程的 $m \times n$ 阶系数矩阵 |
| $\boldsymbol{b}$ | $m$ 阶参数向量 |
| $U$ | 不确定集 |
| $\tilde{a}_{ij}$ | 不确定参量 |
| $\hat{a}_{ij}$ | 给定常量 |
| $J_i$ | 约束 $i$ 中系数受不确定性影响的变量子集 |
| $\Psi$、$\Gamma$、$\Omega$ | 控制不确定集大小的可调参数 |
| $\boldsymbol{a}_i$ | 行向量 |
| $\rho$ | 反映不确定水平的参数 |
| $\boldsymbol{\zeta}$ | 不确定参数向量 |
| $E$ | 期望值算子 |
| $T$ | 确定性约束的可行集 |
| $\alpha$ | 置信水平 |
| $D$ | 模糊集合（第 1 章） |
| $\boldsymbol{\mu}$ | 随机向量的均值向量 |
| $\boldsymbol{\Sigma}$ | 随机向量的协方差矩阵 |
| $\gamma_1$ | 期望的椭圆不确定集半径的限制参数 |
| $\gamma_2$ | 协方差矩阵的半定锥不确定集范围的限制参数 |
| $\boldsymbol{\mu}_0$ | 不确定量均值向量的统计值 |
| $\boldsymbol{\Sigma}_0$ | 不确定量协方差矩阵的统计值 |
| $S$ | 随机变量的分布空间 |
| $\mu_k^{\mathrm{u}}$、$\mu_k^{\mathrm{l}}$ | 均值的上、下限值 |
| $\sigma_k^{\mathrm{u}}$、$\sigma_k^{\mathrm{l}}$ | 方差的上、下限值 |
| $H$ | 测度空间 |

| | |
|---|---|
| $\varPhi$ | 概率分布空间 |
| $d$ | 散度公差常量，也就是确定模糊集的 KL 散度阈值 |
| $\varepsilon$ | Wasserstein 球的半径参数，也就是给定"距离"的阈值 |
| $x_k$ | 累积概率分布上的任意给定值 |
| $\overline{p}_k$、$\underline{p}_k$ | 置信区间的上、下边界 |
| $\Delta \hat{d}_{i,s}^{\max}$、$\Delta \check{d}_{i,s}^{\max}$ | 第 $i$ 个节点负荷功率的上、下扰动范围 |
| $N_d$ | 考察节点数目 |
| $N_a$ | AGC 机组数目 |
| $D$ | 由非 AGC 机组承担的负荷量（除第 1 章） |
| $\Delta \overleftarrow{p}_i^{\max}$、$\Delta \overrightarrow{p}_i^{\max}$ | AGC 机组 $i$ 所能提供的最大向上、向下调整量 |
| $p_i^{\max}$、$p_i^{\min}$ | AGC 机组 $i$ 的最大、最小技术出力值 |
| $p_i^0$ | AGC 机组 $i$ 输出功率的初值 |
| $r_{\mathrm{up},i}$、$r_{\mathrm{dn},i}$ | AGC 机组 $i$ 运行基点在调度时间间隔内的上调、下调最大限值 |
| $M_{il}$、$M_{jl}$ | AGC 机组 $i$、负荷 $j$ 对支路 $l$ 的功率转移分布因子 |
| $M_{ml}$ | 风电接入节点 $m$ 对支路 $l$ 的功率转移分布因子 |
| $T_l^{\max}$ | 支路传输功率上限（其值已经扣除非 AGC 机组所占用的传输容量） |
| $T_{\mathrm{n},l}^{\max}$、$T_{\mathrm{p},l}^{\max}$ | 支路 $l$ 两个方向的传输功率上限 |
| $L$ | 支路总数 |
| $l$ | 表示第几条支路 |
| $c_i$ | AGC 机组 $i$ 的发电成本参数 |
| $\hat{c}_i$、$\check{c}_i$ | AGC 机组 $i$ 提供上调备用和下调备用的成本参数 |
| $\beta$ | 为实现保守度可控引入的控制系数 |
| $\hat{w}$ | 风电功率的预测值 |
| $\hat{w}_t$ | $t$ 时刻的风电功率的预测值 |
| $\hat{w}_{m,t}$ | 节点 $m$ 风电功率在时刻 $t$ 的预测值 |

| $w^{\text{max}}$ | 风电功率最大值 |
|---|---|
| $\overline{w}$ | 风电功率的平均值 |
| $\theta^{\text{l}}$、$\theta^{\text{u}}$ | 两类风电接纳 CVaR 的成本系数 |
| $M$ | 风电接入节点数目 |
| $a_{m,s}^{\text{l}}$、$b_{m,s}^{\text{l}}$ | 节点 $m$ 风电接纳 CVaR（左侧）分段线性函数曲线第 $s$ 段的线性化系数 |
| $a_{m,s}^{\text{u}}$、$b_{m,s}^{\text{u}}$ | 节点 $m$ 风电接纳 CVaR（右侧）线性分段函数曲线第 $s$ 段的线性化系数 |
| $o_{m,s}^{\text{u}}$、$o_{m,s}^{\text{l}}$ | 线段 $s$ 左、右端点对应的风电功率值 |
| $\beta_{m,s}^{+}$、$\beta_{m,s}^{-}$、$\eta_{m,s}^{+}$、$\eta_{m,s}^{-}$ | 引入的离散松弛变量 |
| $s^{\text{l}}$ | 概率密度函数曲线 $P_r(x)$ 上 0 至 $\hat{w}$ 之间部分进行均分获得的坐标下标数 |
| $s^{\text{u}}$ | 概率密度函数曲线 $P_r(x)$ 上 $\hat{w}$ 至 $w^{\text{max}}$ 之间部分进行均分获得的坐标下标数 |
| $\text{ARWP}_t^{\text{u}}$ | 某节点在 $t$ 时刻可接纳的向上的风电扰动范围 |
| $\text{ARWP}_{t+1}^{\text{d}}$ | 某节点在 $t+1$ 时刻可接纳的向下的风电扰动范围 |
| $r_{u,t}$ | 不考虑时间关联性时，节点上可以允许的风电扰动范围 |
| $r_{u,t}^{s}$ | 考虑到时间关联性，为了为 $t+1$ 时刻预留足够的向下的风电扰动接纳能力而舍弃的 $t$ 时刻的向上的风电扰动接纳范围 |
| $p_t^{\text{u}}$ | $t$ 时刻真实可用的向上的扰动接纳范围 |
| $R_n$ | 指定节点上所能获得的最大的下调速率 |
| $T$ | 调度模型的前瞻时段 |
| $D_t$ | 由非 AGC 机组承担的负荷量（计及时间） |
| $R_{p,i}$、$R_{n,i}$ | AGC 机组 $i$ 在相邻两个调度时间间隔内的向上、向下的爬坡速率限值 |
| $\gamma$ | 置信水平 |

注：下标带 $m$ 表示该节点接有风电。

下标带 $t$（第 5、6 章）表示计及了时间，除此外，意义与之前相同，上述只有部分列出，不再一一赘述。

# 首字母缩略词表

| | | |
|---|---|---|
| VaR | Value – at – Risk | 风险价值 |
| CVaR | Conditional Value – at – Risk | 条件风险价值 |
| KL | Kullback – Leibler Divergence | 散度 |
| WD | Wasserstein Distance | Wasserstein 距离 |
| PGP | Preemptive Goal Programming | 优先目标规划 |
| AGC | Automatic Generation Control | 自动发电控制 |
| ARWP | Admissible Region of Wind Power | 风电功率可接纳范围 |
| IDM | Imprecise Dirichlet Model | 非精确狄利克雷模型 |
| CDF | Cumulative Distribution Function | 累积概率密度函数 |
| CB | Confidence Belt | 置信带 |
| PW – CI | Point – Wise Confidence Level Based CI | 基于逐点置信水平的概率区间 |
| FW – CI | Family – Wise Confidence Level based CI | 基于整体置信水平的概率区间 |

# 目　　录

# 第 1 章

# 理 论 基 础

## 1.1　电力系统运行中的有效静态安全域

### 1.1.1　经典静态安全域

电力系统的静态安全域有较长的研究历史，成果也很多。经典的静态安全域基于直流潮流分析方法给出，描述在给定电网拓扑结构下，能够满足电力系统功率平衡约束、支路潮流约束以及平衡机调整范围约束的节点有功功率注入域（包括发电机节点及负荷节点）[1]。

然而，在电力系统的优化调度问题中，静态安全域分析有其独特特点，主要体现在以下三个方面：

1）功率差额的多机平衡机制。经典静态安全域方法在求解直流潮流方程时，预先设定的平衡节点将对功率差额进行补偿，保证电力系统供需的平衡。而在实际运行中，注入功率扰动造成的系统功率供需差额将根据参与因子的大小，在 AGC 机组间进行分配，从而形成了电力系统运行调度的多机平衡机制。

2）区别化的考察对象。在对电力系统运行状态的优化调控过程中，调度人员并非是同等程度地关心所有节点扰动的安全接纳范围。在不考虑机组或传输线路故障及常规机组发电计划执行偏差的情况下，系统中需要关注的往往是风电等不确定性电源接入节点以及存在不确定负荷节点的安全接纳范围。

3）存在无效的静态安全域。对于需要考察的节点，安全域也并非越大越好。对于注入存在扰动的节点，只有与扰动范围重合的部分静态安全域才是对系统应对扰动有效的安全域。由于系统中机组的调节能力有限、支路的传输能力有限，不同节点的安全注入范围之间必然存在相互挤压的现象。因而，在进行调度决策时，要使有限的系统资源尽量形成有效的静态安全域，以提高系统应对扰动的总体能力。

由此，下文定义电力系统运行中的有效静态安全域，给出优化调度中所需的静态安全域形式。

### 1.1.2　电力系统运行中的有效静态安全域

由 1.1.1 节分析可以看出，在电力系统的运行调度中，更受关注的是通过

AGC 调频机组的补偿控制，在存在功率扰动的节点上，系统对于可能发生扰动的接纳能力。由此，在经典静态安全域的基础上，定义有效静态安全域为**系统运行中所有调频机组补偿控制所形成静态安全域与节点扰动域的重合部分**。

为了形象地说明有效静态安全域与经典静态安全域之间的区别，图 1.1 给出了两种系统运行条件下（机组的运行基点与参与因子设置不同），3 个负荷节点上经典静态安全域与有效静态安全域的对比。

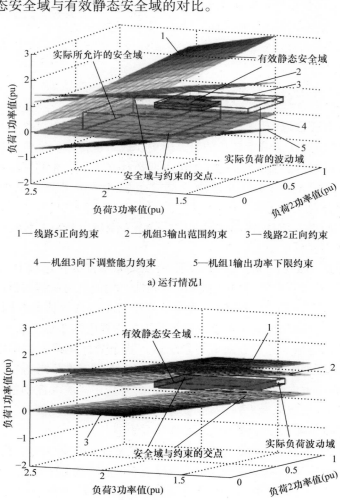

1—线路5正向约束      2—机组3输出范围约束      3—线路2正向约束

4—机组3向下调整能力约束      5—机组1输出功率下限约束

a) 运行情况1

1—机组3输出功率上限约束      2—线路2正向约束

3—机组1输出功率下限约束

b) 运行情况2

图 1.1  有效静态安全域示意图

由图 1.1 可以看出，示例系统在 3 个节点上均具有不确定负荷，其负荷标幺值构成三维坐标系。其中 1 为系统在 3 个节点上所形成的静态安全域，此区域中任一坐标点对应的负荷组合形式都是系统可以安全应对的。图 1.1 中实际负荷波动域中任一坐标点对应着系统真实可能发生的负荷组合形式。而静态安全域与负荷扰动域的重合部分，即为有效静态安全域。

图 1.1a 给出了静态安全域最大时的情况。在这种情况下，通过调整机组的运行基点与参与因子，使得 3 个节点上所形成的安全接纳范围之和最大。但是在此情况下，系统在 3 个节点上的安全接纳范围对于 3 个节点负荷自身扰动范围的覆盖率仅有 15.95%。

与之相对应，通过调整机组运行基点和参与因子的设定值，图 1.1b 给出了另一种运行状况。在此状况下，系统在 3 个节点上所形成的安全接纳范围之和仅是图 1.1a 中的 1/6，但其对于 3 个节点上负荷自身扰动范围的覆盖率却达到了 78.02%。

对比图 1.1 中的两种情况，显然，图 1.1b 对应的机组运行基点与参与因子的设定方式对于提高系统运行安全性是更为有利的。因而，对于电力系统的优化调度而言，要保证扰动情况下系统运行的安全性，应通过发电机组运行基点与参与因子的设置，使系统在各个节点上所能覆盖的功率扰动范围尽量大，也就是要使系统的有效静态安全域最大化。

需要说明的是，在图 1.1 对应的计算乃至后续章节的优化过程中，关注的是各个节点上扰动的接纳范围，这是静态安全域在各坐标轴上的投影长度而非安全域的体积。例如，在图 1.1 的例子中，要求的是矩形框 1（经典安全域）在对应坐标轴上的投影长度之和最大，或者是有效静态安全域在对应坐标轴上的投影长度之和最大。采用这样的处理方式，一方面是为了计算的方便，投影长度相加为线性运算，而求体积是非线性的相乘运算，显然，在优化问题中，前者的计算特性要好很多；另一方面，由于安全域的投影直接对应着节点的可接纳的扰动范围，各个坐标轴上的投影之和，就是系统可以接纳的总扰动范围，所以，采用坐标轴投影方式与系统运行安全度量的对应关系更加直接。

此外，还值得注意的是，即使实现了有效静态安全域的最大化，由于受系统可调资源的限制，对于某些极端扰动情况，系统可能仍然无法应对。在此情况下，一方面，可通过调用紧急备用电源，增强系统在薄弱节点上的扰动应对能力；另一方面，在扰动无法完全接纳的节点，可采用分布式调控手段，降低节点注入或吸收功率的不确定性，以减轻主网的调节压力。此外，系统在决策应维持的有效静态安全域的大小时，还应考虑到经济性因素，以避免过于保守的调度结果。

最后，根据当前研究进展，本书内容主要以发电机组的日内调度及相应的

AGC 仿射补偿控制为研究对象，然而，有效静态安全域方法的应用并不仅仅局限于这样的场景。这不仅体现在一些新的可以提供 AGC 功能的单元（如可控负荷）可以直接纳入本书给出的决策架构，而且体现在对于其他仿射补偿类控制系统，本书所给出的决策架构与方法也具有借鉴意义。此外，有效静态安全域的定义并没有限制补偿控制的类型，对于具有非线性补偿控制的系统，有效静态安全域的定义依然是有效的。当然，对于此类系统，辨识其有效静态安全域以及相应的优化建模与求解过程将会更加复杂，本书不再对这类问题进行讨论。

## 1.2 鲁棒优化

### 1.2.1 鲁棒优化的一般概念

鲁棒优化是一类基于区间扰动信息的不确定性决策方法，其目标在于实现不确定参数最劣情况下的最优决策，即通常所说的最大最小决策问题[2,3]。

鲁棒优化具有如下特点：

1）决策关注于不确定参数的扰动边界，一般不需要获知不确定参数精确的概率分布。

2）一般来讲，鲁棒优化模型可通过转化，构成其确定性等价模型进行求解，求解规模与随机规划方法相比相对较小。

3）由于鲁棒优化决策针对不确定参数的最劣实现情况，其解往往存在一定的保守性。

上述特点使鲁棒优化成为一类特殊的不确定优化方法，具有独特的应用条件与效果。

不失一般性，以考虑参数不确定性的线性规划问题为例，构建鲁棒优化的一般模型[2]，表示为

$$\left\{ \min_{x} \left\{ c^{\mathrm{T}} x : Ax \leq b \right\} : (c, A, b) \in U \right\} \tag{1-1}$$

式中，$x$ 代表 $n$ 阶待决策向量；$c$ 是线性目标函数中的参数向量；$A$ 是约束方程中的 $m \times n$ 阶系数矩阵；$b$ 是 $m$ 阶右边项参数向量；$U$ 是不确定集。

由式（1-1）可以看出，线性鲁棒优化模型与线性规划模型 $\min_{x} \left\{ c^{\mathrm{T}} x : Ax \leq b \right\}$ 在形式上具有一致性，但两者参数的属性有着本质区别。鲁棒优化模型考虑了目标函数和约束条件中参数的不确定性，即参数 $c$、$A$、$b$ 可在不确定集合 $U$ 中任意取值，当然，其也可以为确定值。

根据鲁棒优化的定义，其解具有以下特点：

1）决策在不确定参数实现情况未知的条件下进行，可以获得一个确定的解。

2）决策结果足以应对所有不确定参数的同时扰动。

3）当不确定参数在预先设定的不确定集合内取值时，模型的约束是必然满足的。

由此可见，鲁棒优化模型的有效解是指当模型参数在不确定集合中任意取值时，能够保证所有约束均满足的一组确定的数值解。

为体现鲁棒优化解的上述特点，需在鲁棒优化模型中显示表达参数不确定性给决策结果带来的最劣影响，由此，可将式（1-1）所示的鲁棒优化标准模型转化为其鲁棒对等模型，如下式所示：

$$\min_{\boldsymbol{x}}\left\{\max_{(\boldsymbol{c},\boldsymbol{A},\boldsymbol{b})\in U}\{\boldsymbol{c}^{\mathrm{T}}\boldsymbol{x}:\boldsymbol{A}\boldsymbol{x}\leqslant\boldsymbol{b}\}\quad\forall(\boldsymbol{c},\boldsymbol{A},\boldsymbol{b})\in U\right\} \tag{1-2}$$

该模型中，内部嵌套的最大化问题表征了不确定参量对于优化的最劣影响，而外部最小化问题则表明了鲁棒优化所寻求的最优解是在最劣情况下的最好解。观察式（1-2）不难发现，在将不确定参量作为内层优化问题的决策变量后，该式变为一个确定性的多层嵌套的优化问题，其求解思路是将内层子问题通过对偶变换等方式处理，形成单层线性或非线性确定性优化问题，实现模型的可解化处理。进而，可通过各类分解迭代快速算法（如 Benders 分解法、割平面法、C&CG 算法等），实现问题的有效求解[4-6]。

### 1.2.2 鲁棒不确定集的构成

由鲁棒优化的基本思想可知，模型中不确定参数的变化范围将构成一个确定的有界集合，优化过程则将依据集合边界，寻找最劣扰动情况下的最优解。据此思路，对解保守性的控制即体现为对不确定集合规模的控制，这是关系到模型求解效率和保守性的重要问题。

当前研究中常采用盒式不确定集、多面体不确定集、椭圆不确定集等形式描述不确定参数的变化范围[7]。本节将对各类不确定集合的特点及其解的保守程度进行简单分析。

为方便描述，设不确定参数的不确定区间相对于估计值对称，如对于不确定参数 $\widetilde{a}_{ij}$，有如下定义[8,9]：

$$\widetilde{a}_{ij}=a_{ij}+\xi_{ij}\hat{a}_{ij}\quad\forall j\in J_i \tag{1-3}$$

式中，$a_{ij}$ 为参数的估计值；$\hat{a}_{ij}$ 为给定常量；$\xi_{ij}$ 为独立不确定变量；$J_i$ 为约束 $i$ 中的不确定系数子集。

**1. 盒式不确定集**

区间是描述不确定参数波动范围的一种基本形式，由区间直接构成的不确定集被称为盒式不确定集，对于式（1-3）所示不确定参数的表达方式，盒式不确定集可以表示为[10]

$$U_{\infty}=\{\boldsymbol{\xi}\mid\|\boldsymbol{\xi}\|_{\infty}\leqslant\Psi\}=\{\boldsymbol{\xi}\mid|\xi_j|\leqslant\Psi,\ \forall j\in J_i\} \tag{1-4}$$

式中，$\Psi$ 是控制不确定集大小的可调参数；$\boldsymbol{\xi}$ 为 $t$ 维随机向量。

盒式不确定集对单一不确定参数的扰动边界设定了限制，优化模型将保证不确定参数区间边界内各种实现情况的可行性，而不考虑参数超出区间边界的情况，因此，盒式不确定集通过调整区间的覆盖范围来决定决策结果的保守性。

**2. 多面体不确定集**

盒式不确定集限定了单一不确定参量的扰动范围。然而，所有扰动同时到达边界的情况并不太可能发生，这是由中心极限定理所决定的，与个体不确定参数遵循何种概率分布无关。由此，可以通过对不确定参数同时达到扰动边界的数量的限制，来描述现实中的这种规律，从而构成多面体不确定集，表示为

$$U_1 = \{\boldsymbol{\xi} \mid \|\boldsymbol{\xi}\|_1 \leqslant \varGamma\} = \Big\{\boldsymbol{\xi} \mid \sum_{j \in J_i} |\xi_j| \leqslant \varGamma\Big\} \tag{1-5}$$

式中，$\varGamma$ 是控制不确定集中同时到达边界不确定量多少的可调参数，表征了扰动之间的相互关联，用以控制模型的保守度。

**3. 椭圆不确定集**

椭圆不确定集是另一类可以限制扰动同时率的集合描述形式，其与多面体不确定集含义相似，但采用的是二范数的形式来控制集合的大小。

$$U_2 = \{\boldsymbol{\xi} \mid \|\boldsymbol{\xi}\|_2 \leqslant \varOmega\} = \Big\{\boldsymbol{\xi} \mid \sum_{j \in J_i} \xi_j^2 \leqslant \varOmega^2\Big\} \tag{1-6}$$

式中，$\varOmega$ 是控制不确定集大小的可调参数。

**4. 组合不确定集**

显然，不管是多面体集合还是椭圆集合，集合内超出不确定量自身扰动边界的部分都是没有意义的。由此，可以通过盒式不确定集与多面体或椭圆不确定集的交集，来限定不确定量的扰动范围。其中，盒式不确定集用以限定每个不确定量的扰动范围，而多面体或椭圆不确定集用以限定各个不确定量扰动的同时率。以椭圆集与盒式集为例，图 1.2 给出了两种集合几种关系下的交集（多面体集与之类似，不再赘述）。

在图 1.2 中，不确定集可表示为

$$U_{2\infty} = \Big\{\boldsymbol{\xi} \mid \sum_{j \in J_i} \xi_j^2 \leqslant \varOmega^2, |\xi_j| \leqslant 1, \forall j \in J_i\Big\} \tag{1-7}$$

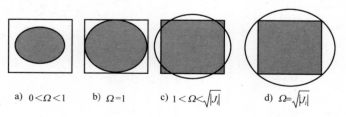

a) $0 < \varOmega < 1$    b) $\varOmega = 1$    c) $1 < \varOmega < \sqrt{|J_i|}$    d) $\varOmega = \sqrt{|J_i|}$

图 1.2 "盒式 + 椭圆" 不确定集

图 1.2 中，盒式不确定集的控制参数 $\Psi=1$。在图 1.2a、b 中，椭圆集参数 $0<\Omega\leqslant1$，不确定量的扰动范围完全由椭圆集所确定，其中，在 $\Omega=1$ 时，椭圆集恰好内接盒式集。在图 1.2c 中，$1<\Omega<\sqrt{|J_i|}$，这里，$|J_i|$ 表示约束 $i$ 中不确定量的维数，图中 $|J_i|=2$。此时，不确定量的扰动范围由椭圆集和盒式集共同决定。在图 1.2d 中，$\Omega=\sqrt{|J_i|}$，此时盒式集内接椭圆集，在这种情况下，乃至 $\Omega$ 更大的情况下，不确定量的扰动范围都是由盒式集决定的。

需要注意的是，不同形式的扰动集合，其应用场景也是不同的。在本书所提出的系列有效静态安全域方法中，有效静态安全域将采用盒式不确定集的表达形式。采用这种不确定集的表达形式有一种突出的优点，就是在所形成的有效静态安全域中，各不确定量被允许的扰动范围将是相互独立的。也就是说，任何一个不确定量不需要事先获知其他不确定量的真实实现，就可以明确自己被允许的扰动范围。这一特性特别重要，它更加符合电力系统运行的实际情况，使得在确定调度计划的同时，就可以下发系统各个节点所能够接纳的扰动范围，为多层协同的系统运行提供重要的控制信号（显然，椭圆、多项式不确定集由于存在多个不确定量之间的关联约束，并不具有这一特性）。

### 1.2.3　Soyster 鲁棒线性优化方法

对于如式（1-1）所示的一般鲁棒线性优化模型，其目标函数以及约束右边项中的不确定参数可以方便地通过引入辅助变量或者移项的方式等价转移到约束的左边项中，因而，约束左边项中含有不确定参数的鲁棒优化问题是具有普遍性和重要意义的。Soyster 较早地研究了这一类问题，他针对线性优化约束矩阵的系数不确定问题，设计了一套有效的求解方法，被称之为 Soyster 方法[11]。

考虑下面的线性优化问题：

$$\begin{cases} \max & \boldsymbol{c}^{\mathrm{T}}\boldsymbol{x} \\ \text{s. t.} & \boldsymbol{A}\boldsymbol{x}\leqslant\boldsymbol{b} \\ & l\leqslant\boldsymbol{x}\leqslant u \end{cases} \tag{1-8}$$

假设不确定参数仅存在于系数矩阵 $\boldsymbol{A}$ 中，即认为目标函数系数 $\boldsymbol{c}$ 和约束右边项 $\boldsymbol{b}$ 是确定的。令 $m\times n$ 阶系数矩阵 $\boldsymbol{A}=(a_{ij})=(\boldsymbol{a}_1,\boldsymbol{a}_2,\cdots,\boldsymbol{a}_m)$，$\boldsymbol{a}_i\in\mathrm{R}^n$，$\forall j$，其中，$\boldsymbol{a}_i$ 为行向量，并令 $a_{ij}^0$ 为 $a_{ij}$ 的估计值。$J_i$ 是系数矩阵 $\boldsymbol{A}$ 第 $i$ 行中所有不确定参数 $a_{ij}$ 列下标 $j$ 的集合，且 $a_{ij}$ 任意取值于区间 $[a_{ij}^0-\rho|a_{ij}^0|,a_{ij}^0+\rho|a_{ij}^0|]$ 中，其中，$\rho\geqslant0$ 是反映不确定水平的参数。

由此，对于某一约束 $\boldsymbol{a}_i\boldsymbol{x}\leqslant\boldsymbol{b}_i$ 而言，$\boldsymbol{x}$ 为可行解的充分条件为

$$\boldsymbol{a}_i\boldsymbol{x}\leqslant b_i,\ \forall a_{ij}\in[a_{ij}^0-\rho|a_{ij}^0|,a_{ij}^0+\rho|a_{ij}^0|] \tag{1-9}$$

式（1-9）又可描述为

$$\max_{\boldsymbol{a}_i}\{\boldsymbol{a}_i\boldsymbol{x}:\boldsymbol{a}_i\in U\}\leqslant b_i \tag{1-10}$$

其中，

$$U = \{\lambda \in \mathrm{R}^n : |\lambda_j - a_{ij}^0| \leqslant \rho |a_{ij}^0|, \forall j \in J_i; \lambda_j = a_{ij}^0, \forall j \notin J_i\} \tag{1-11}$$

进而，可以表示为

$$\max_{a_i}\{a_i x : a_i \in U\} = \max\left\{\sum_j a_{ij}^0 x_j + \sum_{j \in J_i} y_j x_j : |y_j| \leqslant \rho |a_{ij}^0|\right\}$$

$$= \sum_j a_{ij}^0 x_j + \sum_{j \in J_i} \rho |a_{ij}^0 x_j| \leqslant b_i \tag{1-12}$$

式（1-12）通过找到约束对应最大化问题解的规律，使约束中的不确定参数被去除了。从而，使得原优化问题等价于：

$$\begin{cases} \max \quad c^{\mathrm{T}}x \\ \mathrm{s.\,t.} \quad \sum_j a_{ij}^0 x_j + \sum_{j \in J_i} \rho |a_{ij}^0 x_j| \leqslant b_i, \forall i \\ \quad l \leqslant x \leqslant u \end{cases} \tag{1-13}$$

进而，为去除约束中的求绝对值运算，将问题转化为常规线性优化问题，引入新的决策变量 $k$，使式（1-13）又等价于：

$$\begin{cases} \max \quad c^{\mathrm{T}}x \\ \mathrm{s.\,t.} \quad \sum_j a_{ij}^0 x_j + \sum_{j \in J_i} \rho |a_{ij}^0| k_j \leqslant b_i, \forall i \\ \quad k_j \geqslant x_j, \ \forall j \\ \quad k_j \geqslant -x_j, \forall j \\ \quad l \leqslant x \leqslant u \\ \quad k \geqslant 0 \end{cases} \tag{1-14}$$

式（1-14）即为 Soyster 所给出的鲁棒优化的求解模型。该模型把不确定的线性优化问题转化为确定的线性优化问题，同时保证了所求的最优解在不确定参数在给定范围内取值时，所有约束都可以得到满足。

## 1.3　随机规划

当假定不确定量的概率分布已知时，可用随机规划方法来对不确定优化问题进行建模与求解。与鲁棒优化相比，随机规划可直接利用不确定参量的统计信息，得到具有概率优性的决策结果；随机规划的缺点在于不确定量的统计规律在现实中往往难以准确获取，同时，随机规划的求解一般具有较大的计算量。

### 1.3.1　随机规划的几种常见形式

随机规划作为对含有不确定量优化问题建模的有效方法，已有一个多世纪的发展历史，其大致可分为如下三类：

（1）期望值模型。期望值模型是随机规划中的一种常用方法，所谓期望值一般是指目标的期望值，就是在随机变量各种实现情况下目标函数的平均值。这种方法一般要求在使各种约束满足的情况下，使目标函数的期望值达到最优。现实中常用的场景法、穷举法、随机模拟平均法等在广义上都可划入此方法。

期望值模型可以抽象表达为

$$\begin{cases} \max & E(f(\boldsymbol{x}, \boldsymbol{\xi})) \\ \text{s. t.} & \\ & g_i(\boldsymbol{x}, \boldsymbol{\xi}) \leqslant 0 \quad i = 1, 2, \cdots, p \\ & h_j(\boldsymbol{x}, \boldsymbol{\xi}) = 0 \quad j = 1, 2, \cdots, q \end{cases} \tag{1-15}$$

式中，$\boldsymbol{x}$ 是 $n$ 维决策变量；$\boldsymbol{\xi}$ 是 $t$ 维随机向量，其概率密度函数为 $\varphi(\boldsymbol{\xi})$；$f(\boldsymbol{x}, \boldsymbol{\xi})$ 是目标函数；$g_i(\boldsymbol{x}, \boldsymbol{\xi})$ 和 $h_j(\boldsymbol{x}, \boldsymbol{\xi})$ 是随机约束函数；$E$ 表示期望值算子，且有

$$E(f(\boldsymbol{x}, \boldsymbol{\xi})) = \int_R f(\boldsymbol{x}, \boldsymbol{\xi}) \varphi(\boldsymbol{\xi}) \mathrm{d}\boldsymbol{\xi} \tag{1-16}$$

（2）机会约束规划。机会约束规划是指约束中含有随机变量，必须在尚未获知随机变量准确取值的情况下做出决策的方法。机会约束规划要求优化问题中含有随机变量的约束在运行中满足的概率不低于某一置信水平。机会约束规划也常被用来处理电力系统不确定条件下的运行调度问题，但其约束以一定概率成立的特性，与现实电力系统的安全诉求并不总能完全契合。

机会约束规划方法可以抽象表达为

$$\begin{cases} \max f(\boldsymbol{x}) \\ \text{s. t.} \\ P_r\{g_i(\boldsymbol{x}, \boldsymbol{\xi}) \leqslant 0, i = 1, 2, \cdots, p\} \geqslant \alpha \end{cases} \tag{1-17}$$

式中，$f(\boldsymbol{x})$ 是目标函数；$\boldsymbol{x}$ 是决策向量；$\boldsymbol{\xi}$ 是随机向量；$g_i(\boldsymbol{x}, \boldsymbol{\xi})$ 是随机约束函数；$P_r\{\cdot\}$ 表示 $\{\cdot\}$ 中事件成立的概率；$\alpha$ 是事先给定的约束条件成立的置信水平。

（3）相关机会规划。与机会约束规划强调约束在一定置信水平下满足不同，相关机会规划关心的是目标事件实现的概率，其要求事件发生的机会函数在不确定环境下达到最优。

相关机会规划可抽象表达为

$$\begin{cases} \max \ P_r\{g_i(\boldsymbol{x}, \boldsymbol{\xi}) \leqslant 0, i = 1, 2, \cdots, p\} \\ \text{s. t.} \quad \boldsymbol{x} \in T \end{cases} \tag{1-18}$$

式中，$\boldsymbol{x}$ 是决策向量；$T$ 表示确定性约束的可行集；$P_r\{g_i(\boldsymbol{x}, \boldsymbol{\xi}) \leqslant 0, i = 1, 2, \cdots, p\}$ 表示所关心事件实现的概率。

### 1.3.2 风险价值和条件风险价值

风险被定义为预期收益的不确定性，一般应包含事件发生概率及事件后果两部分信息。在随机规划中，风险指标常常被用作优化的目标或者约束。这里简要介绍两种常用的风险度量指标。

（1）风险价值（Value－at－Risk，VaR）。VaR 是一种常用的风险度量指标，其最早应用于金融领域，用来描述某一资产组合在给定置信水平下所对应的最大预期损失。对于置信水平为 $1-\alpha$ 的 VaR 有如下关系：

$$P_r(\Delta w(\boldsymbol{x},\boldsymbol{\xi})\leqslant\text{VaR}_\alpha)=1-\alpha \tag{1-19}$$

式中，$\boldsymbol{x}$ 表示决策向量；$\boldsymbol{\xi}$ 表示不确定参数向量；$1-\alpha$ 为置信水平；$\Delta w(\boldsymbol{x},\boldsymbol{\xi})$ 为损失函数。

式（1-19）与 VaR 定义完全对应，表明 VaR 指标为 $1-\alpha$ 置信水平所对应的最大损失。

（2）条件风险价值（Conditional Value－at－Risk，CVaR）。在 VaR 指标基础上，文献［12］提出了条件风险价值 CVaR 这一风险度量指标。CVaR 是指损失超过 VaR 的条件均值，也称为平均超额损失或平均短缺，反映了损失超过 VaR 时的平均潜在损失[13]。

仍设 $\boldsymbol{x}$ 示决策向量，$\boldsymbol{\xi}$ 表示不确定参数向量，损失函数是 $\Delta w(\boldsymbol{x},\boldsymbol{\xi})$，那么置信水平 $1-\alpha$ 所对应的 CVaR 可表示为：

$$\text{CVaR}_\alpha=E(\Delta w(\boldsymbol{x},\boldsymbol{\xi})\geqslant\text{VaR}_\alpha) \tag{1-20}$$

根据定义及表达式不难看出，CVaR 与 VaR 相比较，CVaR 考虑了损失尾部的分布，是一种包含更多信息的风险度量的方法。

## 1.4 分布鲁棒优化

分布鲁棒优化融合了随机优化与鲁棒优化的特点，并能充分考虑不确定量概率分布的不确定性，因而，被应用于解决不确定运行条件下电力系统的优化调度问题。分布鲁棒优化方法认为不确定量的真实概率分布难以准确获知，并以较大的可能性位于所构建的模糊集内，由此，以分布集合代替具体分布，来进行优化决策。例如，对于式（1-17）所示的机会约束规划问题，在分布鲁棒优化问题中，可由如下形式表达：

$$\begin{cases} \max f(\boldsymbol{x}) \\ \text{s. t.} \\ \min_{P(\xi)\in D} P_r\{g_i(\boldsymbol{x},\boldsymbol{\xi})\leqslant 0, i=1,2,\cdots,p\}\geqslant\alpha \end{cases} \tag{1-21}$$

式中，$f(\boldsymbol{x})$ 是目标函数；$\boldsymbol{x}$ 是决策向量；$\boldsymbol{\xi}$ 是随机向量；$g_i(\boldsymbol{x},\boldsymbol{\xi})$ 是随机约束函数；$P_r\{\cdot\}$ 表示 $\{\cdot\}$ 中事件成立的概率；$\alpha$ 是事先给定的约束条件成立的置信

水平；$P(\xi)$ 表示 $\xi$ 的概率分布；$D$ 为模糊集。

　　式（1-21）说明，这一机会约束的满足，需要在模糊集内最劣的概率分布情况下实现。

　　模糊集一般依据某些给定的统计条件来进行构建，而不限定不确定量具体的概率分布形式。当前，模糊集的构建方法主要可以分为两类：一类是基于不确定量的矩信息（一阶矩、二阶矩）来构建模糊集；另一类则是基于与历史数据统计分布之间的各类"距离"来构建模糊集。模糊集的构建方式对于优化模型的转化、解的保守性而言是至关重要的，不同的模糊集构建方式，对应着不同的决策模型及转化与求解方法。

### 1.4.1　基于随机量矩信息的模糊集构建方式

　　在现实中，随机量精确的概率分布往往无法得知，同时存在着一定数量的历史样本，可以以均值（一阶矩）、方差（二阶矩）等指标反映出随机量所具有的统计规律。由此，可以依据部分重要的统计指标，目前多用一阶矩与二阶矩来构建模糊集，使其包含所有具有相同统计指标的概率分布函数。这类模糊集被称为依据矩信息构建的模糊集，其主要的构建方法可分为以下两类：

　　（1）不确定量的一阶矩、二阶矩给定，概率分布类型不定。此类模糊集合可具体表示为

$$D(\boldsymbol{\mu}, \boldsymbol{\Sigma}) = \left\{ f(\boldsymbol{w}) \left| \begin{array}{l} \int f(\boldsymbol{w}) \mathrm{d}\boldsymbol{w} = 1, f(\boldsymbol{w}) \geq 0 \\ \int \boldsymbol{w} f(\boldsymbol{w}) \mathrm{d}\boldsymbol{w} = \boldsymbol{\mu} \\ \int \boldsymbol{w}\boldsymbol{w}^{\mathrm{T}} f(\boldsymbol{w}) \mathrm{d}\boldsymbol{w} = \boldsymbol{\Sigma} \end{array} \right. \right\} \tag{1-22}$$

式中，$D$ 为表征随机向量 $\boldsymbol{w}$ 概率分布不确定性的模糊集；$f(\boldsymbol{w})$ 为随机向量 $\boldsymbol{w}$ 的联合概率密度函数；$\boldsymbol{\mu}$ 和 $\boldsymbol{\Sigma}$ 分别表示随机向量 $\boldsymbol{w}$ 的均值向量和协方差矩阵。

　　该集合给出了不确定量均值向量与协方差矩阵的积分定义式，并赋予它们确定的值，同时，该集合设定时并不限定不确定量具体的分布形式。此集合的本质含义为：所有均值向量与协方差矩阵满足给定条件的联合概率分布都是模糊集合内的元素。

　　（2）不确定量的一阶矩、二阶矩在给定范围内变动，概率分布类型也不固定。此类集合有两种构建方式，第一种可表述为

$$D = \left\{ \begin{array}{l} P(\boldsymbol{w} \in S) = 1 \\ [E(\boldsymbol{w}) - \boldsymbol{\mu}_0]^{\mathrm{T}} \boldsymbol{\Sigma}_0^{-1} [E(\boldsymbol{w}) - \boldsymbol{\mu}_0] \leq \gamma_1, \gamma_1 \geq 0 \\ E[(\boldsymbol{w} - \boldsymbol{\mu}_0)(\boldsymbol{w} - \boldsymbol{\mu}_0)^{\mathrm{T}}] \leq \gamma_2 \boldsymbol{\Sigma}_0, \gamma_2 \geq 1 \end{array} \right. \tag{1-23}$$

式中，$\gamma_1$ 为期望的椭圆不确定集半径的限制参数；$\gamma_2$ 为协方差矩阵的半定锥不

确定集范围的限制参数；$E$ 为期望值算子；$\boldsymbol{\mu}_0$、$\boldsymbol{\Sigma}_0$ 分别为不确定量均值向量、协方差矩阵的统计值；$S$ 为随机变量的分布空间。

式（1-23）所构建的模糊集既没有对随机向量的具体分布形式进行限定，也允许一阶矩、二阶矩在一定范围内变化，因而是一种更普适的分布集合。此外，其还考虑了各随机量之间的关联性。

另一类不考虑随机量之间关联性的模糊集可如下形式：

$$D = \left\{ w \in S : \mu_k^{\mathrm{l}} \leqslant E(w_k) \leqslant \mu_k^{\mathrm{u}}, \sigma_k^{\mathrm{l}} \leqslant E(w_k^2) \leqslant \sigma_k^{\mathrm{u}}, \forall k = 1, \cdots, n \right\} \qquad (1\text{-}24)$$

式中，$w_k$ 为 $w$ 的第 $k$ 个元素；$\mu_k^{\mathrm{u}}$、$\mu_k^{\mathrm{l}}$ 为均值的上、下限值；$\sigma_k^{\mathrm{u}}$、$\sigma_k^{\mathrm{l}}$ 为与方差指标相关的上、下限值；$n$ 为随机向量 $w$ 的维数。

式（1-24）所构建的模糊集针对随机向量 $w$ 每一个元素 $w_k$ 的均值及方差分别进行限定，不考虑各个不确定量之间的关联性，因而，该模糊集合相对于（1-23）而言，更易于构建与处理。

以矩信息为基础构建的模糊集只能反映所采用统计指标对应的不确定量的部分统计信息，如一阶矩与二阶矩，而无法反映历史数据中所蕴含的全部信息。由此，能够较好弥补这一缺陷的基于概率分布之间"距离"的模糊集构建方式，得到了越来越多的重视。

### 1.4.2 基于概率分布之间"距离"的模糊集构建方式

依据历史样本信息，可以采用参数或者非参数估计方法，得到"理论"上的概率分布函数。然而，由于样本有限性等原因，估计得到的概率分布函数难免存在误差，尽管如此，在实践中，仍然可以认为真实的概率分布与"理论"上的概率分布之间的"距离"可能并不"太远"。由此，可以以各种"距离"来衡量某概率分布与"理论"概率分布的距离，并以"距离"较近为原则，选取满足给定"距离"需求的概率分布，构成模糊集，描述不确定量的统计规律。目前，常用的"距离"度量有如下几种：

（1）KL 散度（Kullback – Leibler divergence）：基于 KL 散度构建的模糊集，通常可表示为

$$D = \left\{ P \in \Phi : D_{KL}(P \parallel P_1) \leqslant d \right\} \qquad (1\text{-}25)$$

式中，$D_{KL}(P \parallel P_1) = \int_{\mathrm{H}} P(\boldsymbol{w}) \log \dfrac{P(\boldsymbol{w})}{P_1(\boldsymbol{w})} \mathrm{d}\boldsymbol{w} = \int_{\mathrm{H}} P(\boldsymbol{w}) \log (P(\boldsymbol{w}) - P_1(\boldsymbol{w})) \mathrm{d}\boldsymbol{w}$，为概率密度函数 $P$ 和 $P_1$ 之间的 KL 散度；H 为测度空间；$\Phi$ 为概率分布空间；$d$ 为散度公差常量，也就是确定模糊集的 KL 散度阈值。

从（1-25）可以看出，KL 散度越小，两个概率分布之间的相似度越高，"距离"越近。而选定的模糊集，就是由 KL 散度小于 $d$ 的所有概率分布所构成的。

（2）Wasserstein 距离（Wasserstein Distance，WD）：基于 Wasserstein 距离构

建的模糊集，一般可以表示为

$$D = \left\{ P \in \Phi : d(P, P_1) \leq \varepsilon \right\} \tag{1-26}$$

式中，$d(P, P_1) = \inf \left\{ \int_{S^2} \| w_1 - w_2 \| \Pi(dw_1, dw_2) \right\}$，为概率分布 $P$ 和 $P_1$ 之间的 Wasserstein 距离；$\| \cdot \|$ 可以为在 $R^n$ 上任何给定的范数形式；$\Pi$ 为随机量 $w_1$ 和 $w_2$ 的联合概率密度函数；$P$ 和 $P_1$ 分别为 $w_1$ 和 $w_2$ 的边缘概率密度函数；$S$ 为随机变量的分布空间；$\varepsilon$ 为 Wasserstein 球的半径参数，也就是给定"距离"的阈值。

基于 KL 散度和 Wasserstein 距离均采用已知的经验分布和限定参数来限定模糊集的范围，其中限定参数对于模糊集的保守性而言有着至关重要的作用。此外，采用何种距离表达形式，对于模型构建、转化和求解的过程有着重要的影响。

此外，本书还提出了一种基于累积概率分布函数置信区间构建的模糊集。这种模糊集与基于"距离"构建的模糊集有相似的优点，即可以充分利用历史样本中所蕴含的丰富的统计规律。与此同时，这种方式有着严格的数理基础，是数据驱动的方式，有效样本数越多集合越小，得到的概率分布估计结果越精确，且模糊集表达形式相对简单，能够与有效静态安全域方法有机结合，便于决策。此处先简单介绍其机理，详细的构建方法将在第 6 章进行解释与分析。

第 6 章给出的模糊集构建方式，是依据非精确概率理论提出的，其将累积概率分布函数在任何点 $x_k$ 的值，等效为事件 $x \leq x_k$ 发生的概率，即：$F(x_k) = P(x \leq x_k)$。而通过非精确概率统计理论，可以找到一定样本数量下，给定置信度下此事件发生的概率区间，即：$[\underline{p}_k, \bar{p}_k]$。由此形成由累积概率分布函数构成的模糊集，即

$$D = \left\{ F(x) \mid P(x \leq x_k) \in [\underline{p}_k, \bar{p}_k], \forall k \right\} \tag{1-27}$$

式中，$x$ 为随机变量；$F(x)$ 为累积概率密度函数；$x_k$ 为累积概率分布上的任意给定值；$P(x \leq x_k)$ 为随机变量 $x \leq x_k$ 这一事件发生的概率，其置信区间的上下边界分别为 $\bar{p}_k$、$\underline{p}_k$。

## 1.5 本章小结

本章从电力系统运行调度的实际需求出发，给出了有效静态安全域的定义，剖析了基于有效静态安全域调度决策方法与传统调度决策方法的异同，强调了有效静态安全域刻画扰动节点有效备用的属性。同时，本章还介绍了与有效静态安全域方法密切相关的鲁棒优化方法、随机优化方法以及分布鲁棒优化方法，为后文内容奠定了必要的理论基础。

# 第 2 章
## 以有效静态安全域最大化为目标的优化调度方法

## 2.1 引言

当前，全球正在承受着化石能源枯竭与环境恶化带来的重重压力，电能作为当今社会不可或缺的主要能源利用形式，其生产使用格局已经发生了根本性的变革，突出表现为清洁可再生能源发电并网规模的不断扩大。风力发电、光伏发电等新型能源发电形式，具有清洁、可再生的优点，对其进一步的开发和利用被视为实现社会可持续发展、创建生态文明的必然趋势。与此同时，新能源发电形式大多易受气候、环境等因素的影响，具有明显的随机性和间歇性，此类电源大规模地接入电网必然会增加电力系统运行中的不确定性，给电力系统的安全运行带来隐患，由此，对现行的优化调度方法提出了严峻的挑战[14]。电力系统调度决策不仅要使运行经济性达到期望意义上的最优，还需要防范与期望结果相对应的实现风险。另一方面，调度决策也不能一味追求保守，要求系统能够应对所有扰动，而是应当达到运行经济性与安全性的折中。

在此背景下，如何合理提升电力系统的扰动应对能力，增强调度决策的鲁棒性成为当前电力系统运行调度领域研究的热点问题[15,16]。随机优化、模糊优化以及鲁棒优化等多种不确定决策方法在电力系统的经济调度问题中均得到应用。其中，随机优化依据不确定注入量的概率分布信息，通过对各随机场景的统筹考虑，给出具有概率优性的决策结果[17,18]。然而，概率信息准确获取的困难以及计算的复杂性限制了随机优化决策方法的应用。模糊优化方法采用隶属度函数表示决策者对不确定注入量及其导致后果的态度，通过最大化隶属值，获得满意的决策结果[19,20]。然而，由于决策结果受隶属度函数影响显著，模糊决策结果的主观性较强。鲁棒优化不同于以上两种优化方法，在不确定量扰动区间确定的情况下，其决策既不需要获知不确定量的概率分布特征，也不需要设定不确定量的隶属度函数，而是仅根据扰动边界，通过寻找并满足决策中的最"劣"场景，即可得到保证决策鲁棒性的优化调度结果[21,22]。同时，与随机优化相比，鲁棒优化还具有决策模型求解复杂度较低的特点，适合应用于对计算效率要求较高的

14

情况。

鲁棒调度定义为在对未来调度目标时段电力系统运行信息掌握不完全情况下，对不确定性因素具有一定免疫能力，能够在一定扰动范围内保证电力系统安全、稳定运行，并尽量实现预定目标的调度方式[16]。实现电力系统鲁棒调度，是一个多时间尺度配合的问题[23,24]，对于不同时间尺度的调度决策，其着重点也不同。对于日前发电计划等较长时间尺度的决策问题，其后续有多样调节手段可以对已制定的发电计划进行修正，以保证电力系统运行安全，因而，找到一种概率经济性最佳的发电方案（兼顾预想情景下的运行经济性与非预想情景下的调节经济性），是其应着重考虑的问题[15,25]。而对于较短时间尺度的实时调度问题，一方面，其可调度的机组范围、容量范围相对有限，对电力系统运行经济性的影响相对较小；另一方面，因为在实时调度后，系统将进入闭环控制阶段，对调度结果进行修正的手段已近乎穷尽。因而，对于实时调度，利用最后的机会调整系统运行态势，在首先保证系统运行安全的前提下，寻找经济性较优的调度方案，成为合理的决策思路。

针对以上研究背景，本章提出一种电力系统实时调度的最大有效静态安全域法。方法基于优先目标规划（Preemptive Goal Programming, PGP）[26]与有效静态安全域分析的方法构建，是以自动发电控制（Automatic Generation Control, AGC）机组运行基点与参与因子为决策变量的多目标优化调度方法（根据当前电力系统运行普遍规律，假设实时调度仅作用于 AGC 机组，非 AGC 机组按日前或超前调度计划发电）。模型具有两层目标：第一层以系统平抑扰动能力最大化为目标，该目标等效为系统运行静态安全域与节点扰动域重合范围（即有效静态安全域）最大化；第二层则以系统发电成本与备用成本最小化为目标。模型的两层目标具有明确的等级顺序，可以实现有效静态安全域最大化条件下的经济性最优，体现实时调度保证系统运行安全性的首要任务。

## 2.2　最大有效静态安全域法

根据 1.1 节电力系统有效静态安全域的定义，建立如下最大有效静态安全域法的模型及相应的求解方法。模型中，以负荷不确定性为例进行说明，新能源发电不确定性问题处理方式与此完全相同，不再赘述。

### 2.2.1　优化模型

#### 1. 目标函数

如前文所述，面对系统中节点注入功率的扰动，实时经济调度可最大化有效静态安全域，以充分利用 AGC 机组的调频价值。由此，构建第一层优化目标如式（2-1）所示。为避免采用超多面体的体积式而导致的非线性问题，同时，由于各个节点扰动接纳范围与系统扰动接纳能力直接相关，故要求各个考察节点可

接纳的扰动区间的长度之和 $Z$ 最大，而非采用有效静态安全域的体积最大化[27]。由此，优化问题的目标函数可表示为

$$\max Z = \sum_{i=1}^{N_d} \left[ \min(\Delta \hat{d}_i^{\max}, \Delta \hat{d}_{i,s}^{\max}) + \min(\Delta \breve{d}_i^{\max}, \Delta \breve{d}_{i,s}^{\max}) \right] \quad (2\text{-}1)$$

式中，$\Delta \hat{d}_{i,s}^{\max}$、$\Delta \breve{d}_{i,s}^{\max}$ 分别为第 $i$ 个节点负荷功率的上、下扰动范围，其值在优化过程中为常量，由负荷的自然扰动规律所决定，可利用概率预测方法进行获取[28-30]；$\Delta \hat{d}_i^{\max}$、$\Delta \breve{d}_i^{\max}$ 为第 $i$ 个节点上静态安全域允许扰动的上、下范围，为非负决策变量，受 AGC 机组运行基点与参与因子影响；$N_d$ 为考察节点数。

图 2.1 给出了两维空间中式（2-1）变量的示意图，图中 $d_1$、$d_2$ 分别为 2 个考察节点上预测得到的由 AGC 机组承担的负荷量，其值可正可负，分别表示节点吸收或者注入的功率值。

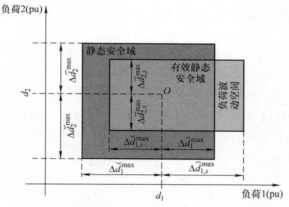

图 2.1　变量两维空间示意图

与此同时，对于给定系统，在有效静态安全域边长和相同时，可能对应着若干不同的 AGC 机组运行基点和参与因子的设定方式（明显的例子即是扰动域退化为图 2.1 中 $O$ 点时的情况，此时，各个节点的负荷变为确定的，AGC 机组的任何设定方式对应的 $Z$ 恒为 0）。因而，引入第二层目标，将发电成本及备用成本最小化作为 AGC 机组运行基点与参与因子设定的另一依据。第二层优化目标函数如下：

$$\min \sum_{i=1}^{N_a} \left( c_i p_i + \hat{c}_i \Delta \hat{p}_i^{\max} + \breve{c}_i \Delta \breve{p}_i^{\max} \right) \quad (2\text{-}2)$$

式中，$N_a$ 表示 AGC 机组数目；$c_i$ 表示 AGC 机组 $i$ 的发电成本参数；$p_i$ 表示第 $i$ 台 AGC 机组的运行基点；$\hat{c}_i$、$\breve{c}_i$ 分别为 AGC 机组提供上调备用和下调备用的成本参数；$\Delta \hat{p}_i^{\max}$、$\Delta \breve{p}_i^{\max}$ 分别表示 AGC 机组所需提供的最大上调量与最大下调

量，即 AGC 机组的上调、下调备用量。

**2. 约束条件**

上述决策目标的寻优过程中需要满足如下约束条件。

（1）运行基点功率平衡约束。

在实时经济调度中，超短时预测得到的负荷需求（除去非 AGC 机组承担部分）需在 AGC 机组上进行分配，满足如下等式约束条件：

$$\sum_{i=1}^{N_a} p_i = \sum_{j=1}^{N_d} d_j - D \tag{2-3}$$

式中，$d_j$ 为第 $j$ 个负荷节点上待分配的负荷量；$D$ 为由非 AGC 机组承担的负荷量，实时经济调度时为确定值。

（2）参与因子之和约束。

实时经济调度后，不平衡功率将按参与因子在各 AGC 机组间分配，由于机组调整的功率量需与负荷不平衡量相匹配，因而，参与因子之和需为 1[31]，即

$$\sum_{i=1}^{N_a} \alpha_i = 1 \tag{2-4}$$

式中，$\alpha_i$ 为第 $i$ 台 AGC 机组的参与因子。

（3）AGC 机组为形成静态安全域所需提供的最大调整量约束。

AGC 机组所需提供的最大调整量由静态安全域在各个考察节点上允许的上、下扰动范围和参与因子共同决定。第 $i$ 台机组所需提供的向上、向下两个方向的最大调整量可分别表示为

$$\Delta \hat{p}_i^{\max} = \alpha_i \sum_{j=1}^{N_d} \Delta \hat{d}_j^{\max} \quad i = 1,2,\cdots,N_a \tag{2-5}$$

$$\Delta \breve{p}_i^{\max} = \alpha_i \sum_{j=1}^{N_d} \Delta \breve{d}_j^{\max} \quad i = 1,2,\cdots,N_a \tag{2-6}$$

（4）AGC 机组最大向上、向下调整能力约束。

受发电机组自身特性的限制，每台 AGC 机组所能提供的调节能力是有限的，这一约束可表述为

$$0 \leqslant \Delta \hat{p}_i^{\max} \leqslant \Delta \overset{\leftarrow}{p}_i^{\max} \quad i = 1,\ 2,\ \cdots,\ N_a \tag{2-7}$$

$$0 \leqslant \Delta \breve{p}_i^{\max} \leqslant \Delta \overset{\rightarrow}{p}_i^{\max} \quad i = 1,\ 2,\ \cdots,\ N_a \tag{2-8}$$

式中，$\Delta \overset{\leftarrow}{p}_i^{\max}$、$\Delta \overset{\rightarrow}{p}_i^{\max}$ 分别表示 AGC 机组所能提供的最大向上、向下调整量。

（5）AGC 机组输出功率范围约束。

$$p_i - \Delta \breve{p}_i^{\max} \geqslant p_i^{\min} \quad i = 1,\ 2,\ \cdots,\ N_a \tag{2-9}$$

$$p_i + \Delta \hat{p}_i^{\max} \leqslant p_i^{\max} \quad i = 1,\ 2,\ \cdots,\ N_a \tag{2-10}$$

式中，$p_i^{\max}$、$p_i^{\min}$ 分别为 AGC 机组的最大、最小技术出力值。

（6）机组运行基点变化速率约束。

$$-r_{d,i} \leqslant p_i - p_i^0 \leqslant r_{u,i} \quad i = 1, 2, \cdots, N_a \tag{2-11}$$

式中，$p_i^0$ 为 AGC 机组输出功率的初值；$r_{d,i}$、$r_{u,i}$ 分别表示 AGC 机组运行基点在调度时间间隔内的上调、下调最大限值。

（7）支路潮流约束（正向）。

当节点负荷需求在静态安全域内变化时，要保证支路传输功率不超过允许的安全范围，此处采用基于直流潮流的转移分布因子[32]来形成这一约束，其中，支路的正向潮流约束可表述为

$$\sum_{i=1}^{N_a} M_{il}(p_i + \Delta \widetilde{p}_i) + \sum_{j=1}^{N_d} M_{jl}(d_j + \Delta \widetilde{d}_j) \leqslant T_l^{\max} \quad l = 1, 2, \cdots, L \tag{2-12}$$

式中，$M_{il}$、$M_{jl}$ 分别为 AGC 机组 $i$、负荷 $j$ 对支路 $l$ 的功率转移分布因子；$L$ 为考察支路总数；$T_l^{\max}$ 为支路传输功率上限，其值已经扣除非 AGC 机组所占用的传输容量；$\Delta \widetilde{d}_j$ 为节点 $j$ 负荷扰动量，为不确定量，允许在静态安全域内取值，见约束式（2-15）；$\Delta \widetilde{p}_i$ 为与负荷扰动对应的 AGC 机组的输出功率调整量，其与负荷扰动量的对应关系为 $\Delta \widetilde{p}_i = \alpha_i \sum_{j=1}^{N_d} \Delta \widetilde{d}_j$。

将 $\Delta \widetilde{p}_i$ 与 $\Delta \widetilde{d}_j$ 对应关系代入式（2-12），可得

$$\sum_{j=1}^{N_d} \left( M_{jl} + \sum_{i=1}^{N_a} M_{il}\alpha_i \right) \Delta \widetilde{d}_j \leqslant T_l^{\max} - \sum_{i=1}^{N_a} M_{il}p_i - \sum_{j=1}^{N_d} M_{jl}d_j \quad l = 1, 2, \cdots, L \tag{2-13}$$

（8）支路潮流约束（反向）。

与约束式（2-13）同理，支路反向潮流约束可表示为

$$\sum_{j=1}^{N_d} \left( M_{jl} + \sum_{i=1}^{N_a} M_{il}\alpha_i \right) \Delta \widetilde{d}_j \geqslant -T_l^{\max} - \sum_{i=1}^{N_a} M_{il}p_i - \sum_{j=1}^{N_d} M_{jl}d_j \quad l = 1, 2, \cdots, L \tag{2-14}$$

（9）负荷扰动范围约束。

约束式（2-13）、式（2-14）中的负荷允许扰动范围为

$$\begin{cases} \Delta \widetilde{d}_j \leqslant \Delta \widehat{d}_j^{\max} \\ \Delta \widetilde{d}_j \geqslant -\Delta \widetilde{d}_j^{\max} \end{cases} \quad j = 1, 2, \cdots, N_d \tag{2-15}$$

式（2-1）~式（2-11）及式（2-13）~式（2-15）构成完整的优化模型。

模型优化变量为 $\Delta\hat{d}_i^{\max}$、$\Delta\breve{d}_i^{\max}$、$\Delta\hat{p}_i^{\max}$、$\Delta\breve{p}_i^{\max}$、$p_i$ 及 $\alpha_i$。模型在目标函数式 (2-1) 中存在取小逻辑运算，在式 (2-13)、式 (2-14) 中存在区间不确定量，这些因素的存在制约了模型的求解，下面部分给出模型的变换处理方法。

### 2.2.2　模型处理

#### 1. 两层优化目标的处理

上述实时调度优化模型具有两层目标，如概述中所述，在实时经济调度中，系统的安全性需求远高于经济性，因此，这里采用优先目标规划方法对模型进行求解，使目标具有明确的等级顺序[26]。该方法首先在可行域内优化第一层目标，然后以第一层目标的最佳结果为约束构建新的可行域，进行第二层目标的优化。本章模型中，第二层目标优化时，根据第一层目标优化结果，增加约束如下：

$$\sum_{i=1}^{N_d}\left[\min(\Delta\hat{d}_i^{\max},\Delta\hat{d}_{i,s}^{\max})+\min(\Delta\breve{d}_i^{\max},\Delta\breve{d}_{i,s}^{\max})\right]\geqslant Z^* \tag{2-16}$$

式中，$Z^*$ 为第一层优化所得的最佳目标值。

该约束保证对发电经济性的优化不会影响到第一层优化中有效静态安全域的效用。

#### 2. 目标取小逻辑运算的处理

为了取静态安全域与负荷扰动范围的交集，目标函数式 (2-1) 中含有取小逻辑运算，使问题难以直接求解。一般地，取小逻辑运算可以通过引入 {0，1} 变量体现函数的不连续性，将问题转化为混合整数规划问题[33]。由于本章模型结构特殊，目标函数式 (2-1) 可直接进行线性等效，从而避免引入整数变量。等效方式如下。

引入新的非负连续变量 $y_i^{\mathrm{up}}$ 及 $y_i^{\mathrm{dn}}$，将目标函数变为

$$\max Z=\sum_{i=1}^{N_d}(y_i^{\mathrm{up}}+y_i^{\mathrm{dn}}) \tag{2-17}$$

为使式 (2-17) 与式 (2-1) 等价，在约束中引入如下 2 组约束：

$$\begin{cases}y_i^{\mathrm{up}}\leqslant\Delta\hat{d}_i^{\max}\\y_i^{\mathrm{up}}\leqslant\Delta\hat{d}_{i,s}^{\max}\end{cases}\quad i=1,\ 2,\ \cdots,\ N_d \tag{2-18}$$

$$\begin{cases}y_i^{\mathrm{dn}}\leqslant\Delta\breve{d}_i^{\max}\\y_i^{\mathrm{dn}}\leqslant\Delta\breve{d}_{i,s}^{\max}\end{cases}\quad i=1,\ 2,\ \cdots,\ N_d \tag{2-19}$$

式中，约束式 (2-18) 可使 $y_i^{\mathrm{up}}$ 等于 $\Delta\hat{d}_i^{\max}$、$\Delta\hat{d}_{i,s}^{\max}$ 中的相对小者，即 $y_i^{\mathrm{up}}=$

$\min(\Delta\widehat{d}_i^{\max}, \Delta\widehat{d}_{i,s}^{\max})$。这是由于 $y_i^{\mathrm{up}}$ 无其他约束,目标函数式(2-17)的最大化需求必然会使式(2-18)中 2 个不等式右边项的较小者取等号(用反证法可证,由于结论显然,此处不再赘述)。式(2-19)对 $y_i^{\mathrm{dn}}$ 作用同理。从而,式(2-17)~式(2-19)与式(2-1)等效。

**3. 不等式约束中不确定量的处理**

模型中不等式(2-13)与式(2-14)中含有不确定量,可在式(2-15)所示范围内取值。这里以式(2-13)为例给出约束转换方法,将不确定量消除。式(2-14)可同理处理。

要求式(2-13)在式(2-15)条件下总成立,即要求对于支路 $l$,有下式成立:

$$\max_{\substack{\Delta\widetilde{d}_j\in[-\Delta\widehat{d}_j^{\max},\Delta\widehat{d}_j^{\max}]\\ j=1,2,\cdots,N_d}} \left\{ \sum_{j=1}^{N_d}\left(M_{jl}+\sum_{i=1}^{N_a}M_{il}\alpha_i\right)\Delta\widetilde{d}_j\right\}\leqslant \overline{T}_l^{\max} \tag{2-20}$$

式中, $\overline{T}_l^{\max}=T_l^{\max}-\sum_{i=1}^{N_a}M_{il}p_i-\sum_{j=1}^{N_d}M_{jl}d_j$。

由于不确定量 $\Delta\widetilde{d}_j$ 的系数包含待求变量 $\alpha_i$,其系数符号不定,因而,无法直接找到式(2-20)左边项最"劣"情况对应表达。为此,借鉴 Soyster 鲁棒优化方法,构建这种最"劣"情况下约束式的解析表达,如下:

$$\begin{cases} \sum_{j=1}^{N_d}\left[\left(M_{jl}+\sum_{i=1}^{N_a}M_{il}\alpha_i\right)\left(-\Delta\widecheck{d}_j^{\max}\right)+\lambda_{jl}^{\mathrm{up}}\right]\leqslant \overline{T}_l^{\max}\\ \lambda_{jl}^{\mathrm{up}}\geqslant\left(M_{jl}+\sum_{i=1}^{N_a}M_{il}\alpha_i\right)\left(\Delta\widehat{d}_i^{\max}+\Delta\widecheck{d}_i^{\max}\right) \qquad j=1,2,\cdots,N_d\\ \lambda_{jl}^{\mathrm{up}}\geqslant 0 \quad j=1,2,\cdots N_d \end{cases} \tag{2-21}$$

通过对 $M_{jl}+\sum_{i=1}^{N_a}M_{il}\alpha_i$ 为正或为负情况的测试,上述转变的等效性容易验证。为了表述简单,先考虑仅有一维不确定量的情况,并将其抽象表示为

$$ax<T \tag{2-22}$$

式中, $x$ 代表唯一的不确定量,且 $x^-\leqslant x\leqslant x^+$; $a$ 表示 $x$ 的系数。

在对 $x$ 进行优化时, $a$、$T$ 均被视为常数,虽然 $a$ 的符号未知。

经过类似于式(2-20)和式(2-21)的转化后,约束式(2-22)可表示为式(2-23)~式(2-25)

$$ax^-+\lambda<T \tag{2-23}$$

$$\lambda\geqslant a(x^+-x^-) \tag{2-24}$$

$$\lambda \geqslant 0 \qquad\qquad (2\text{-}25)$$

在上述式中，当系数 $a > 0$ 时，由于 $x^+ - x^- > 0$ 恒成立，$a(x^+ - x^-) > 0$，因而取 $\lambda = a(x^+ - x^-)$，由此式（2-22）左边项可表示为 $ax^- + a(x^+ - x^-) = ax^+$，为 $a > 0$ 时左边项的最大值，式（2-22）变为 $ax^+ < T$，因此，可以保证约束（2-22）成立。

当系数 $a < 0$ 时，由于 $x^+ - x^- > 0$ 恒成立，$a(x^+ - x^-) < 0$，因而取 $\lambda = 0$，由此式（2-22）左边项可表示为 $ax^- + 0 = ax^-$，为 $a < 0$ 时左边项最大值，式（2-22）变为 $ax^- < T$，也可以保证约束（2-22）成立。

综上，式（2-23）~式（2-25）的约束条件总可保证式（2-22）左边项取得最大值。命题在仅有一个不确定量的情况下得证。

根据相同的原理，可以推演到多不确定变量的情况。从约束式可以看出，约束是逐步确定变量的，一共 $N_d$ 组。重复上述证明过程，可以证明对于每一个不确定量，约束均可根据其系数的符号，在其扰动范围内选取到相应的端点，从而保证原式（2-20）的左边项总取得最大值。

在上述变换中，尽管对于不确定参量的转变处理引入了新决策变量 $\lambda_{jl}^{\mathrm{up}}$（$j = 1，2，\cdots N_d$），但此转换并没有从计算性质上改变问题的计算复杂度，问题构成了典型的 Bilinear 问题，可以采用商业求解器直接求解。对于 Bilinear 问题的一些加速求解方法，将在后续章节进行探讨。

### 2.2.3　算例分析

本节以 6 节点系统为例，对所提出方法的有效性进行分析。并以 IEEE 118 节点系统及某省实际 445 节点系统为例，验证方法的求解效率。测试计算均采用 GAMS（General Algebraic Modeling System）软件，通过调用 CONOPT 求解器进行求解，计算机配置为因特尔酷睿 i5 处理器，主频 3.6GHz，内存 2G。

#### 1. 6 节点系统算例

6 节点测试系统如图 2.2 所示，系统共有 3 台发电机，此处全部设为 AGC 机组，机组参数见表 2.1，系统在 3、5、6 节点接有负荷。线路及负荷参数见表 2.2 和表 2.3。

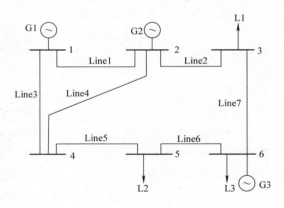

图 2.2　6 节点系统接线图

**表 2.1　6 节点系统机组参数**

| 编号 | 节点 | 功率上限 | 功率下限 | 发电成本 | 调节能力（上、下） | 初始功率 |
|---|---|---|---|---|---|---|
| 1 | 1 | 2.0 | 1.0 | 1.05 | 0.1500 | 1.5 |
| 2 | 2 | 1.5 | 0.5 | 1.00 | 0.1125 | 1.0 |
| 3 | 6 | 1.0 | 0.2 | 1.10 | 0.0750 | 0.6 |

注：表中均为标幺值，功率基准值为 100MW，发电价格基准值为 40000 元/100MWh，为方便描述，备用价格设与发电价格相同。

**表 2.2　6 节点系统线路参数**

| 线路编号 | 起始节点 | 终止节点 | 电抗 | 传输限制 |
|---|---|---|---|---|
| Line1 | 1 | 2 | 0.170 | 2.00 |
| Line2 | 2 | 3 | 0.037 | 1.30 |
| Line3 | 1 | 4 | 0.258 | 2.00 |
| Line4 | 2 | 4 | 0.197 | 0.80 |
| Line5 | 4 | 5 | 0.037 | 1.24 |
| Line6 | 5 | 6 | 0.140 | 1.00 |
| Line7 | 3 | 6 | 0.018 | 1.00 |

**表 2.3　6 节点系统负荷参数**

| 负荷编号 | 节点数 | 负荷值 |
|---|---|---|
| 1 | 3 | 0.7 |
| 2 | 5 | 0.17 |
| 3 | 6 | 0.7 |

（1）支路潮流约束处理方法的有效性例证。

与本章方法直接找到支路潮流约束的最紧情况不同，一种保证式（2-13）、式（2-14）成立的直观方法是采用注入扰动边界的全排列枚举构成支路潮流约束集合[24]。这里通过这种枚举方法与本章方法的对比，验证本章方法的有效性。值得说明的是，枚举方法虽然可以保证决策结果的鲁棒性，但其存在维数灾问题，由于测试系统规模较小，计算量尚可以承受。

对于测试系统，设负荷最大扰动为预测负荷的 ±7%，分别采用枚举法和本章方法构建优化模型。计算结果显示，两种方法得到的有效静态安全域大小及 AGC 机组配置方式均相同，结果对应的有效静态安全域如图 2.3 所示。

考察 2 个模型起作用的支路潮流约束，枚举法中线路 2、线路 5 正向支路潮流约束起作用，且所有负荷均处于上边界。本章方法得到的结果同样是线路 2 与线路 5 支路潮流正向约束起作用，并且线路 2 与线路 5 正向支路潮流约束中的 $\lambda_{jl}^{up}$ 均为正，表明支路潮流约束最紧时，所有负荷均处于上边界，与枚举法所得结论完全相同。

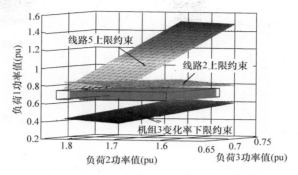

图 2.3　负荷扰动为 ±7% 时的有效静态安全域

（2）静态安全域与有效静态安全域优化效果对比。

负荷扰动范围为 ±5%、±6% 及 ±7% 时，测试本章最大有效静态安全域方法与最大静态安全域方法所得结果在考察节点上负荷扰动覆盖能力的差异，说明有效静态安全域最大化是更为合理的决策目标。在三种不同负荷扰动情况下，两种方法所得各节点可接纳扰动区间如图 2.4 所示。

当负荷扰动为 ±5% 时，如图 2.4a 所示，最大有效静态安全域对负荷扰动范围的覆盖率为 100%。最大静态安全域除了节点 2 向上扰动范围不能完全覆盖外，其余节点的上、下扰动范围均能有效覆盖，但所得的可接纳扰动范围有较大余量，可能降低系统运行的经济性。

当负荷扰动增加到如图 2.4b 所示的 ±6% 时，最大静态安全域对于节点 2、节点 3 的向上负荷扰动均实现不了完全覆盖，而在节点 1，有较多扰动接纳能力的余量。本章方法所形成的有效静态安全域对负荷扰动的覆盖率依然为 100%。

当负荷扰动增加到 ±7%，如图 2.4c 所示，此时系统的调节能力已不足以完全覆盖负荷扰动，但本章方法所形成的最大有效静态安全域相对于最大静态安全域对负荷扰动的覆盖范围更大。

（3）经济性目标的作用分析。

图 2.5 所示为负荷扰动比例 ±4% ~ ±10% 时，只计及有效静态安全域最大化目标与同时计入有效静态安全域、经济性两层目标后系统运行成本变化。计入经济性目标后，系统的运行成本有不同程度的下降。当负荷扰动比例较低时，系统的备用容量充足，此时多种 AGC 机组配置方式均可满足将扰动域完全覆盖的需求，而运行成本相差较大，所以加入经济性目标后，系统运行成本降低明显。而随着负荷扰动比例的提高，AGC 机组的配置方式主要由构建有效静态安全域的需求所决定，此时，有无经济性目标的影响不再显著。

例如，以负荷扰动 ±4% 的情况为例，在不计及经济性目标时，3 台机组的分配因子分别为 0.462、0.294 及 0.245，运行基点分别为 1.418pu、1.009pu 及

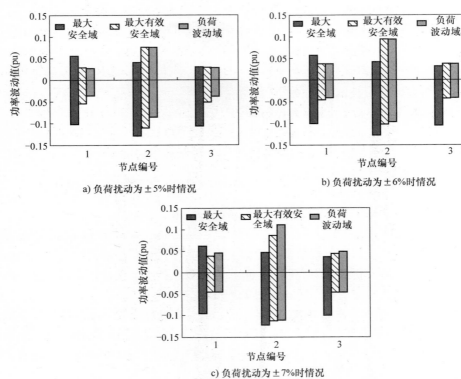

a) 负荷扰动为±5%时情况

b) 负荷扰动为±6%时情况

c) 负荷扰动为±7%时情况

图2.4　节点功率扰动覆盖范围对比图

0.672pu。运行成本为147080元（3.677pu）。计入经济性目标后，机组参与因子和基点发生变化，三台机组的参与因子分别为0、0.707与0.293，运行基点分别为1.35pu、1.075pu与0.675pu。通过对比可见，发电经济性与调节经济性均较好的机组2将部分替代经济性较差的机组1在系统中所起的发电与调节作用，更多地参与发电与调节。此时，系统的运行成本降为139600元（3.49pu）。

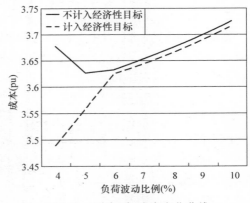

图2.5　不同目标成本变化曲线

同时发现，两套参数配置得到的有效静态安全域均可实现负荷扰动域的完全覆盖。

（4）支路容量对有效静态安全域的影响分析。

当负荷节点扰动范围为 ±4% ~ ±10% 时，负荷扰动域的大小及相应的有效静态安全域大小如图 2.6a 所示。负荷扰动范围小于 ±6% 时，扰动完全能够被系统平抑。当负荷扰动范围继续增加时，由于受到线路 2、线路 5 的潮流约束限制以及发电机 1 与发电机 2 的功率调节能力限制，负荷扰动不再能够被完全覆盖。图 2.6b 所示为线路 5 约束放宽至 1.5pu 时的情况，可以看出，此时的有效静态安全域显著增大。本章提出的方法，除了可以在现有系统结构下合理调配 AGC 机组外，同时也可以发现制约系统扰动平抑能力的关键因素，为通过线路动态增容等技术手段进一步提高系统抗扰动能力工作的开展提供理论依据。

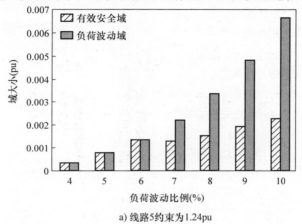

a) 线路5约束为1.24pu

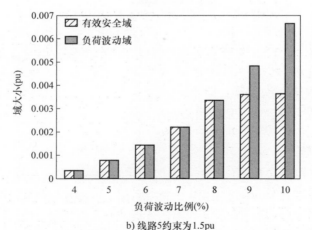

b) 线路5约束为1.5pu

图 2.6　有效静态安全域及负荷扰动域的大小对比

## 2. IEEE 118 节点系统

IEEE 118 节点系统[23]有发电机 54 台，负荷节点 91 个，线路 186 条。发电机装机容量从 20 ~ 650MW 不等，取 15 台中等容量的 100MW 机组作为 AGC 机组。负荷扰动节点数量从 5 个增加到 30 个，扰动范围为预测值的 ±20% 时，模型求解时间如图 2.7 所示。从图 2.7 可以看出，当扰动负荷节点为 5 个时，计算时间为 2.04s，当负荷扰动节点数量增加到 30 个时，计算时间增加到 32.55s。此算例说明所提出模型在处理中等规模系统时，计算效率较为理想。

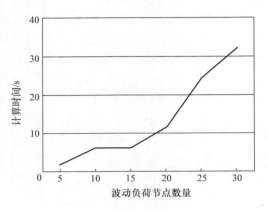

图 2.7　IEEE 118 节点系统计算时间

**3. 实际 445 节点系统**

445 节点系统取自某省实际电网。系统有发电机 48 台，负荷节点 194 个，线路 693 条。在计算所取的典型日中，在线机组总容量为 19618MW，总负荷为 17103MW。系统的具体参数请见 [34]。

将系统中容量为 100~250MW 的 15 台发电机组设为 AGC 机组。在存在不同数目的扰动注入节点的情况下，对计算时间进行比较，结果如图 2.8 所示。在扰动节点数量从 5 增加到 30 的过程中，计算时间从 6.17s 增加到 127.59s，计算效率可满足实际应用需求。此外，应用过程中还可以通过使用电网聚合技术等工程实用手段进一步提高计算速率，以提升方法的实用性。

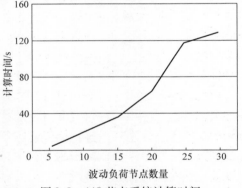

图 2.8　445 节点系统计算时间

## 2.3　本章小结

本章针对不确定运行条件下电力系统的实时调度问题，根据有效扰动安全域的概念，构建了以有效安全域最大化为首要目标、以发电与调节经济性为次要目标的优化调度模型，对自动发电控制机组的运行基点与参与因子进行决策。为方便模型求解，文中利用线性化手段与鲁棒优化方法对模型进行了等价转换，提高了模型的实用价值。对简单 6 节点算例系统的测试表明，本章方法能够正确刻画考察节点的有效静态安全域，在提高系统抗扰动能力的同时，兼顾系统运行的经济性，符合系统在线经济调度的需求。通过对中等规模 IEEE 118 节点测试系统与实际系统的测试计算表明，算法具有较高的计算效率，能够适应实际系统的计算需求。

# 第 3 章

# 保守度可控的有效静态安全域法

## 3.1 引言

基于电力系统有效静态安全域的定义，第 2 章给出了以有效安全域最大化为决策目标的优化调度方法。这种方法以有效静态安全域最大化为首要目标，以系统运行经济性最佳为次要目标，构建了优化模型。然而，最大有效静态安全域法虽然可以最大化系统的运行安全，但缺少了安全性与经济性之间的折中协调，结果难免略偏于保守，不够灵活。要解决这一问题，需要决策模型能够在系统运行安全性与经济性目标间寻找适应于决策者需求的均衡点，灵活适应决策者需求。

由此，本章致力于分析与解决有效静态安全域方法模型构造中安全性和经济性冲突的问题，给出一种保守度可控的有效静态安全域方法。本章方法与前一章方法的本质差别体现在对多目标优化问题的处理上。其中，第 2 章采用了优先目标规划方法，构成了层次分明的多目标优化问题的解法，而本章方法则通过在原调度模型的两层目标处理过程中，加入保守度控制系数 $\beta$，改进优先目标规划方法，体现决策者需求，实现安全性和经济性的折中。同时，本章还将对安全性、经济性两种目标间的帕累托最优性进行探讨。

需要注意的是，从鲁棒优化的扰动集合分析角度讲，有效静态安全域类似于鲁棒优化的盒式不确定集，而本章方法则类似于鲁棒优化通过控制盒式集合的大小，实现对决策保守性的控制。至于有效静态安全域采用盒式不确定集结构的优点，在 1.2.2 节已经进行了阐述，此处不再重复。

## 3.2 多目标优化模型及改进的优先目标规划

为阐述方便，这里将第 2 章所给出的多目标优化模型集中列写如下，符号与第 2 章模型一致。由于第 2 章已经对模型进行了较为详细的描述，这里不再给出模型的具体解释。

### 3.2.1 目标函数

1）有效静态安全域最大化目标：

$$\max Z = \sum_{i=1}^{N_d} \left( y_i^{\text{up}} + y_i^{\text{dn}} \right) \tag{3-1}$$

2）经济性目标：

$$\min \sum_{i=1}^{N_a} c_i p_i + \sum_{i=1}^{N_a} \widehat{c}_i \Delta \widehat{p}_i^{\max} + \sum_{i=1}^{N_a} \widecheck{c}_i \Delta \widecheck{p}_i^{\max} \tag{3-2}$$

### 3.2.2 约束条件

1）目标式（3-1）等价处理过程中所引入的约束为

$$\begin{cases} y_i^{\text{up}} \leqslant \Delta \widehat{d}_i^{\max} \\ y_i^{\text{up}} \leqslant \Delta \widehat{d}_{i,s}^{\max} \end{cases} \quad i = 1, 2, \cdots, N_d \tag{3-3}$$

$$\begin{cases} y_i^{\text{dn}} \leqslant \Delta \widecheck{d}_i^{\max} \\ y_i^{\text{dn}} \leqslant \Delta \widecheck{d}_{i,s}^{\max} \end{cases} \quad i = 1, 2, \cdots, N_d \tag{3-4}$$

2）运行基点功率平衡约束为

$$\sum_{i=1}^{N_a} p_i = \sum_{j=1}^{N_d} d_j - D \tag{3-5}$$

3）参与因子和为 1 约束为

$$\sum_{i=1}^{N_a} \alpha_i = 1 \tag{3-6}$$

4）形成静态安全域 AGC 机组所需提供的最大调整量为

$$\Delta \widehat{p}_i^{\max} = \alpha_i \sum_{j=1}^{N_d} \Delta \widehat{d}_j^{\max} \quad i = 1, 2, \cdots, N_a \tag{3-7}$$

$$\Delta \widecheck{p}_i^{\max} = \alpha_i \sum_{j=1}^{N_d} \Delta \widecheck{d}_j^{\max} \quad i = 1, 2, \cdots, N_a \tag{3-8}$$

5）AGC 机组最大向上、向下调整能力约束为

$$0 \leqslant \Delta \widehat{p}_i^{\max} \leqslant \Delta \overleftarrow{p}_i^{\max} \quad i = 1, 2, \cdots, N_a \tag{3-9}$$

$$0 \leqslant \Delta \widecheck{p}_i^{\max} \leqslant \Delta \overrightarrow{p}_i^{\max} \quad i = 1, 2, \cdots, N_a \tag{3-10}$$

6）AGC 机组输出功率上、下限约束为

$$p_i - \Delta \widecheck{p}_i^{\max} \geqslant p_i^{\min} \quad i = 1, 2, \cdots, N_a \tag{3-11}$$

$$p_i + \Delta \widehat{p}_i^{\max} \leqslant p_i^{\max} \quad i = 1, 2, \cdots, N_a \tag{3-12}$$

7）机组运行基点变化速率约束为

$$-r_{d,i} \leqslant p_i - p_i^0 \leqslant r_{u,i} \quad i = 1, 2, \cdots, N_a \tag{3-13}$$

8）支路潮流约束（正向）为

$$\sum_{j=1}^{N_d} \left[ \left( M_{jl} + \sum_{i=1}^{N_a} M_{il}\alpha_i \right) \left( -\Delta \breve{d}_j^{\max} \right) + \lambda_{jl}^{\mathrm{up}} \right] \leqslant \overline{T}_l^{\max} \quad l = 1,2,\cdots,L \quad (3\text{-}14)$$

$$\lambda_{jl}^{\mathrm{up}} \geqslant \left( M_{jl} + \sum_{i=1}^{N_a} M_{il}\alpha_i \right) \left( \Delta \widehat{d}_i^{\max} + \Delta \breve{d}_i^{\max} \right) \quad j = 1,2,\cdots,N_d \quad (3\text{-}15)$$

$$\lambda_{jl}^{\mathrm{up}} \geqslant 0 \quad j = 1,2,\cdots,N_d \quad (3\text{-}16)$$

9）支路潮流约束（反向）为

$$\sum_{j=1}^{N_d} \left[ \left( M_{jl} + \sum_{i=1}^{N_a} M_{il}\alpha_i \right) \left( \Delta \widehat{d}_j^{\max} \right) + \lambda_{jl}^{\mathrm{dn}} \right] \geqslant -\overline{T}_l^{\max} \quad l = 1,2,\cdots,L \quad (3\text{-}17)$$

$$\lambda_{jl}^{\mathrm{dn}} \leqslant -\left( M_{jl} + \sum_{i=1}^{N_a} M_{il}\alpha_i \right) \left( \Delta \widehat{d}_i^{\max} + \Delta \breve{d}_i^{\max} \right) \quad j = 1,2,\cdots,N_d \quad (3\text{-}18)$$

$$\lambda_{jl}^{\mathrm{dn}} \leqslant 0 \quad j = 1,2,\cdots,N_d \quad (3\text{-}19)$$

式（3-1）~式（3-19）构成完整的优化模型，需要注意的是，在给出的模型中，目标函数中的逻辑运算与支路传输功率约束中的不确定量都已经经过了处理。模型中的决策变量为 $y_i^{\mathrm{up}}$、$y_i^{\mathrm{dn}}$、$p_i$、$\Delta \widehat{p}_i^{\max}$、$\Delta \breve{p}_i^{\max}$、$\Delta \widehat{d}_i^{\max}$、$\Delta \breve{d}_i^{\max}$、$\alpha_i$、$\lambda_{jl}^{\mathrm{up}}$ 和 $\lambda_{jl}^{\mathrm{dn}}$。

### 3.2.3 改进的多目标优化方法

上述优化调度模型具有双重目标，目标之间相互关联，一个目标的优化会导致另一个目标的劣化。第 2 章所采用的优先目标规划方法是在明确确定两层目标的优先级之后，先进行具有优先权目标的优化；然后在固定优先目标优化水平的情况下进行次级目标的优化，从而，给出完全符合目标优先级的优化结果。但是考虑到在实时经济调度中，不同的调度人员根据不同的运行情况和风险态度可能会对结果的保守度要求不一样。因而，为了控制模型的保守度，这里采用改进的优先级目标规划方法对模型进行求解。该方法首先在可行域内优化第一层目标；然后以第一层优化目标的优化结果和引入的保守度控制系数 $\beta$ 构建新的约束，进行第二层目标的优化。形成如下两层决策模型：

第一层：

$$\begin{cases} z = \max \left\{ \sum_{i=1}^{N_d} \left( y_i^{\mathrm{up}} + y_i^{\mathrm{dn}} \right) \right\} \\ \mathrm{s.\,t.} \\ \text{约束式（3-3）~ 式（3-19）} \end{cases} \quad (3\text{-}20)$$

第二层：

$$\begin{cases} z_E = \min\left\{ \sum_{i=1}^{N_a} c_i p_i + \sum_{i=1}^{N_a} \hat{c}_i \Delta \hat{p}_i^{\max} + \sum_{i=1}^{N_a} \breve{c}_i \Delta \breve{p}_i^{\max} \right\} \\ \\ \text{s. t.} \\ \\ \sum_{i=1}^{N_d} \left[ \min(\Delta \hat{d}_i^{\max}, \Delta \hat{d}_{i,s}^{\max}) + \min(\Delta \breve{d}_i^{\max}, \Delta \breve{d}_{i,s}^{\max}) \right] \geqslant \beta Z^* \\ \\ \text{约束}(3\text{-}3) \sim (3\text{-}19) \end{cases} \tag{3-21}$$

易见，第一层优化的目标是最大化系统的有效静态安全域，第二层优化目标是最小化运行成本，第二层优化问题较第一层优化问题所多出的约束条件中的 $Z^*$ 为第一层优化问题的解。上述决策的根本目的是为了获取机组的运行基点和参与因子，模型中的其他决策变量实际上均可以由这两个根本性的决策变量推导出来。

新的方法中引入了保守度控制系数 $\beta \in [0,1]$，$\beta$ 值取值较大时，说明决策者倾向于安全性，即要求的保守度比较高。当 $\beta = 1$ 时，第一层优化所得到的有效静态安全域的大小在第二层优化中不会改变，系统可以确保第二层优化时的有效静态安全域不会减少，这种情况与第 2 章优先目标规划方法所得到的结果是一致的。而当 $\beta$ 取值越小，说明系统决策越倾向于经济性，当 $\beta = 0$ 时，问题就会简化为确定性的经济调度问题[35]。

因为在多个约束中有双线性表达，式（3-20）和式（3-21）构成的优化模型均属于双线性规划问题[36,37]。双线性规划是非线性规划问题中比较特殊的一类，现在有不少有效的优化求解方法和成熟的求解器可以对此进行求解，本书在后续章节也会给出一些双线性问题的有效求解方法。

## 3.3 帕累托最优性分析

多目标优化问题普遍包含数目众多的可行方案，同时，这些可行方案之间不具备类似单目标优化问题的绝对优劣关系。帕累托最优[21]的概念，即是在多个目标之中，寻找一组均衡的解，而不是单个的全局最优解。

考虑多目标优化问题：

$$\begin{cases} \min \boldsymbol{F} = [f_1(\boldsymbol{x}), f_2(\boldsymbol{x}), \cdots, f_n(\boldsymbol{x})]^{\mathrm{T}} \\ \text{s. t.} \begin{cases} h(\boldsymbol{x}) = 0 \\ g(\boldsymbol{x}) < 0 \end{cases} \end{cases} \tag{3-22}$$

式中，$\boldsymbol{x}$ 为决策量，$\boldsymbol{F}$ 为目标函数向量，包含多种优化目标，约束分别为等式约束和不等式约束。

下面以双目标最小化问题为例，给出帕累托最优解的说明。首先，将双目标最小化问题的解映射到目标函数空间，如图 3.1 所示。图中给出了 $x_a$、$x_b$ 两个解的映射，可以看出，两个解均映射在帕累托前沿上，由此，其均是帕累托最优解。前沿左下方为解集映射不到的区域，前沿右上方为可行解能映射到的区域。对比可行解与帕累托解所对应的目标函数值可以看出，帕累托解的共同点就在于：提高其一项目标函数的性能，必然会导致另一项目标函数性能的劣化，即不可能存在一个帕累托最优解可以同时提高其所有目标的性能。

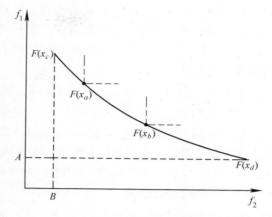

图 3.1　帕累托最优解示意图

比如，在图 3.1 中，解 $x_a$ 相对于解 $x_b$ 而言，$f_1(x_a) > f_1(x_b)$，即在目标 1 上解 $x_b$ 性能要好于 $x_a$；但同时有 $f_2(x_a) < f_2(x_b)$，即在目标 2 上，解 $x_a$ 性能要好于 $x_b$。而想要两个目标值都得到优化，则解需要取到图上帕累托前沿覆盖区域之外，故是不可行的。

对于多目标优化问题，有多种寻求帕累托前沿的方法，如智能搜索算法等。而对于本章所关心的两目标优化问题，则可以利用本章所提出的改进优先目标规划法来进行帕累托前沿的搜索。

这里，不妨假设经济性指标对应于图 3.1 中的 $f_1$，而安全性指标对应于图中的 $f_2$。为了与图 3.1 相匹配，需将两目标同时变为最小化问题。由此，不妨认为 $f_2$ 对应的安全性指标是不能被覆盖的扰动范围，这样，两目标优化问题就变成了同时最小化 $f_1$ 与 $f_2$ 指标的形式。

根据 3.2.3 节内容可知，在第一层优化问题得到求解后，系统的最强扰动平抑能力将被计算出来。此时，若第二层优化问题取 $\beta = 1$，这一最强扰动平抑能力的需求将被带入第二层，则可以得到安全性指标最佳情况下的经济性最好解。不难理解，此时得到的解，将是一个帕累托解（不可能再同时提高系统运行的安全性与经济性了），此解对应于 $f_2$ 指标最优的情况，即图 3.1 中的解 $x_c$。

相似地，当取 $\beta = 0$ 的时候，所得的解将是完全的经济最优解，而不考虑安全性问题，对应于图 3.1 中的解 $x_d$。此时，目标函数 $f_1$ 将是最优的，而 $f_2$ 可由解 $x_d$ 直接求出。这里，有个假设条件，就是经济性最优问题有唯一解，若是经济性最优问题有多解，则选取其中 $f_2$ 最小者（也就是不能被覆盖扰动范围最小者），来作为取 $\beta = 0$ 时的解。

而当 $\beta$ 取值在 $0 \sim 1$ 之间变化时，第二层优化得到的解，即为对应的扰动接纳能力下经济性最好的解。若对解改动，让其经济性更佳，则必然需要牺牲系统的扰动接纳能力。可见，其性质符合帕雷托最优解定义，从而，当 $\beta$ 在 $0 \sim 1$ 之间连续变化时，所形成的轨迹即为帕雷托前沿。

**模型有效性分析**

本节所采用的 6 节点系统结构图与第 2 章算例分析中的 6 节点系统一致。参数中备用成本设为发电成本的 $10\%$[38]，负荷扰动设为期望值的 $\pm 5\%$。在控制系数 $\beta$ 取不同值的情况下，进行优化求解，得到的有效静态安全域和运行成本见表 3.1，与其相对应的机组运行基点和参与因子见表 3.2。

**表 3.1　负荷扰动 $\pm 5\%$ 时的优化结果**

| $\beta$ | 有效静态安全域（pu） | 运行成本（pu） | 发电成本（pu） | 备用成本（pu） |
|---|---|---|---|---|
| 0 | 0.000 | 3.231 | 3.231 | 0.000 |
| 0.2 | 0.062 | 3.236 | 3.231 | 0.005 |
| 0.4 | 0.124 | 3.241 | 3.231 | 0.011 |
| 0.6 | 0.186 | 3.261 | 3.237 | 0.024 |
| 0.8 | 0.248 | 3.287 | 3.255 | 0.032 |
| 1.0 | 0.310 | 3.324 | 3.283 | 0.041 |

注：表中均为标幺值，功率基准值为 100MW，发电价格基准值为 40000 元/（100MW·h）。

**表 3.2　负荷扰动 $\pm 5\%$ 时机组运行基点与参与因子**

| $\beta$ | 参与因子 | | | 运行基点（pu） | | |
|---|---|---|---|---|---|---|
| | $a_1$ | $a_2$ | $a_3$ | $P_1$ | $P_2$ | $P_3$ |
| 0 | — | — | — | 1.647 | 0.887 | 0.565 |
| 0.2 | 0 | 1 | 0 | 1.647 | 0.887 | 0.565 |
| 0.4 | 0.093 | 0.907 | 0 | 1.647 | 0.887 | 0.565 |
| 0.6 | 0.392 | 0.125 | 0.484 | 1.584 | 0.94 | 0.576 |
| 0.8 | 0.392 | 0.125 | 0.484 | 1.419 | 1.073 | 0.608 |
| 1.0 | 0.392 | 0.125 | 0.484 | 1.406 | 1.054 | 0.64 |

从表 3.1 可以看出，在经过第一层优化后，有效静态安全域最大为 31MW，与负荷扰动之和在数值上一致，说明系统可以完全消纳负荷扰动。在第二层优化中，随着 $\beta$ 值的增加，系统的有效静态安全域也将随之增加，代表着系统的运行安全性有所提升，而与之对应，系统的运行成本也相应增加，因此，可以通过改变 $\beta$ 值来进行系统运行经济性和安全性的折中，即进行决策保守度的控制。

当 $\beta = 0$ 时，系统中的负荷不确定性被忽略，因此，表中没有给出参与因子的值，而调度结果也与确定性经济调度的结果相同。与之对应，当 $\beta = 1$ 时，系统确保所有的负荷扰动都可以被消纳。当 $\beta = 0.2$ 时，系统的备用均由备用成本较低的机组 2 承担，而随着 $\beta$ 值的增加，更多的机组将会承担平抑负荷扰动的任务。

图3.2给出了不同 $\beta$ 值下，负荷的扰动区间和系统实际可接纳扰动区间的对比。

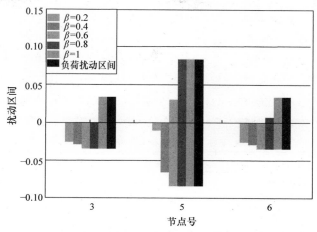

图3.2 负荷节点可接纳扰动区间与实际扰动区间图

从图3.2可以看出，随着 $\beta$ 值的增加，系统应对负荷扰动的能力不断增强。一种有趣的现象是：虽然系统中上调、下调备用容量的价格是一样的，但是，从图中可以看出，系统优先满足下调备用需求。这是因为提供上调备用较为经济的AGC机组受到了线路传输容量的制约。以 $\beta = 0.6$ 时为例，在这种情况下，计算得到的有效静态安全域为18.6MW，当不考虑负荷扰动的时候，连接节点2和节点3的线路2所传输的功率已经接近线路传输功率的极限，为了更经济地满足有效静态安全域要求，备用成本较低的机组2优先调整了运行基点来满足平抑负荷扰动的需求。但是，由于线路2的制约，机组2只能平抑向下的负荷扰动。

为了检验提出方法在较大负荷扰动情况下的优化结果，将系统负荷扰动提高到预测期望值的 $\pm 8\%$ ，则相应的优化结果见表3.3和表3.4。在第一层优化后，系统最大的有效静态安全域为41.3MW，这主要是受到线路2和线路5功率传输能力的制约。

表3.3 负荷扰动 $\pm 8\%$ 时模型优化结果

| $\beta$ | 静态安全域(pu) | 运行成本(pu) | 发电成本(pu) | 备用成本(pu) |
|---------|--------------|-------------|-------------|-------------|
| 0 | 0.000 | 3.231 | 3.231 | 0.000 |
| 0.2 | 0.083 | 3.238 | 3.231 | 0.007 |
| 0.4 | 0.165 | 3.245 | 3.231 | 0.014 |
| 0.6 | 0.248 | 3.253 | 3.231 | 0.022 |
| 0.8 | 0.330 | 3.301 | 3.263 | 0.038 |
| 1.0 | 0.413 | 3.358 | 3.311 | 0.047 |

表 3.4　负荷扰动 ±8％时机组的运行基点与参与因子

| $\beta$ | 参与因子 | | | 运行基点（pu） | | |
|---|---|---|---|---|---|---|
| | $a_1$ | $a_2$ | $a_3$ | $P_1$ | $P_2$ | $P_3$ |
| 0 | – | – | – | 1.647 | 0.887 | 0.565 |
| 0.2 | 0 | 1 | 0 | 1.647 | 0.887 | 0.565 |
| 0.4 | 0.319 | 0.681 | 0 | 1.647 | 0.887 | 0.565 |
| 0.6 | 0.546 | 0.454 | 0 | 1.647 | 0.887 | 0.565 |
| 0.8 | 0.605 | 0.093 | 0.302 | 1.412 | 1.071 | 0.617 |
| 1.0 | 0.244 | 0.454 | 0.302 | 1.35 | 1.075 | 0.675 |

## 3.4　算例分析

### 3.4.1　帕累托最优性验证

通过随机生成能同时满足发电需求和负荷平抑需求的运行基点和参与因子，求得与其对应的运行成本和不能覆盖的扰动区域，来进行帕雷托前沿的验证。所得结果如图 3.3 所示，从图中可以看出，所得结果对应的两重目标函数有明显的边界。在相同的安全性下，边界上点的经济性是最好的；而在相同经济性下，边界上点的安全性是最好的。所得边界即为帕雷托前沿，并且，与用本章模型通过调整 $\beta$ 值计算得出的帕累托前沿是一致的。

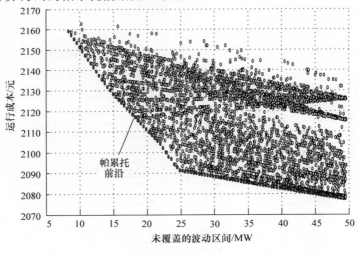

图 3.3　帕累托前沿验证图

### 3.4.2　IEEE 118 节点算例

IEEE 118 节点系统参数与上一章相同，仍然选择 100MW 的 15 台机组作为

AGC 机组，负荷扰动节点数量选为 5 个，分别为节点 3、39、50、58、96，扰动范围设为预测值的 ±20%，运用本章构建的模型及模型转化方法进行求解测试。为了展示保守度控制变量 $\beta$ 对于模型求解速率的影响，在 $\beta$ 的不同取值下分别对模型进行求解，求解耗时如图 3.4 所示。从图中可以看出，模型的求解速率与 $\beta$ 值并没有直接关系。对于 IEEE 118 节点测试系统的其他实验，结论与第 2 章相似，此处不再赘述。

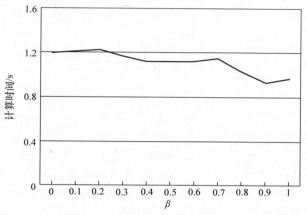

图 3.4　不用 $\beta$ 值下模型的求解时间

## 3.5　本章小结

本章在第 2 章以有效静态安全域最大化为目标的实时调度方法的基础上，通过引入保守度控制系数 $\beta$，建立了保守度可控的有效静态安全域法。该方法依然以 AGC 机组的运行基点与参与因子为决策变量，但目标函数之间没有了绝对的优先等级，改进了优先目标规划方法，达到了经济性与安全性的折中。并且，文中验证了在不同的 $\beta$ 值下，方法得到的为帕累托最优解，从而，可以通过遍历不同的 $\beta$ 值，利用本章方法获得运行安全性与经济性相折中的帕累托前沿。

# 第4章

## 计及随机统计特性的运行调度
## 有效静态安全域法

## 4.1 引言

对于不确定运行条件下电力系统的调度决策问题，鲁棒优化[2]提供了一种"劣中选优"的决策思路，其关注的是最劣扰动情况下的最优解，仅需扰动边界信息即可进行决策，计算效率较高，因此具有较高的应用价值。然而，与从电力系统运行经济性最优化角度出发，同时兼顾一定扰动应对能力的"优中选宜"（宜在此处有适应性较强之意）的决策思路相比，鲁棒调度的决策过程缺少了对电力系统抗扰动能力提升与经济代价折中协调的过程。针对这一问题，第3章在有效静态安全域最大化方法的基础上，通过保守度控制参数的引入，对系统运行安全性与经济性进行折中，部分解决了上述问题。但不管是采用有效静态安全域最大化方法还是采用保守度控制因子的方法，在决策过程中都没有充分利用到风电功率、负荷功率等不确定量的随机统计规律，从而使得决策结果难以具有统计优性。因此，若可以将鲁棒优化方法与随机优化方法进行有机融合，将有希望进一步提升决策的有效性，在保持随机优化结果统计优性的同时，保留鲁棒优化计算效率高、预定扰动集合内运行约束可确保满足等显著优势。

目前，在鲁棒优化方法与随机优化方法的融合上，有如下两类解决思路：

第一类解决思路是通过合理构建不确定集来控制优化结果的保守性。在此类方法中，如何根据不确定量的概率分布构造合适的不确定集，使之能够覆盖恰当的扰动场景，从而使调度结果具有统计优性，是这类解决思路的关键。事实上，由于受到电网结构和安全约束的限制，电力系统能够接纳的扰动范围与系统的运行状态密切相关，不同的运行状态，所具有统计优性的扰动接纳区间范围也是不同的。而此类扰动接纳区间预先给定（而不是同时优化）的方法，在扰动区间设定过程中，难以考虑系统运行状态的变化，扰动接纳区间设置存在一定的盲目性，可能降低系统本应具有的运行效率及对节点扰动的接纳能力。

第二类解决思路则是将鲁棒优化与随机优化方法进行组合。例如，文献[39]把目标函数中的成本函数分为两部分：一部分对应随机优化作用下的期望成本；另一部分对应鲁棒优化方式引入的最劣成本，并分别赋予权重系数，将两种优化方式统一到一个模型中，由调度人员通过选取不同的权重系数来调节模型的保守度。文献［40］则从调度时序上综合两种优化方式，即在调度过程推进的时间轴上引入一个描述随机优化向鲁棒优化转变的"跃变时间点"，其决定了某一类优化方式所占的时间比例。此时，调度人员通过恰当选取跃变时间点，可达到控制模型保守度的目的。然而，从模型结构和求解过程来看，这些方法均保持了鲁棒优化与随机优化两类方法的相对独立性，尚未实现真正的融合。

在上述研究背景下，本章将给出一种计及不确定量概率分布特性的有效静态安全域法。需要注意的是，从本章开始至第 6 章，将以风电为例来阐述方法。由于风电、负荷的双向扰动对于系统运行调度是同效的，因此对于两者的优化处理方法是完全通用的。

本章正文将首先定义节点风电接纳的条件风险价值，即风电接纳的 CVaR，用以描述各风电接入节点由于风电功率扰动超出可接纳范围而面临的期望损失；其次，通过对各节点 CVaR 积分值的分段线性化表达，形成以系统运行总成本与风电接纳 CVaR 总成本之和最小化为目标的线性优化目标函数及其附加约束；此后依据有效静态安全域的表达，构建了计及风电统计特性的有效静态安全域优化方法模型及解法，对系统中各节点可接纳的风电扰动范围、机组的运行基点、机组的参与因子进行优化决策。最终，通过对简单 6 节点系统及 IEEE 118 节点系统的测试分析，验证方法的有效性。

## 4.2　风电接纳的条件风险价值及其数学表达

如 1.3.2 节所述，CVaR 反映了损失超过 VaR 临界值时可能遭受平均潜在损失的大小[13]。针对含风电电力系统有功调度问题，将节点风电接纳所对应的 CVaR 定义为：风电接入节点由于风电功率扰动超出节点最大风电功率接纳范围而可能遭受的平均潜在损失的大小。以某风电接入节点为例，假设该节点上的风电注入功率的概率密度函数如图 4.1 所示（以正态分布为例，实际中可隶属于任意分布形式）。

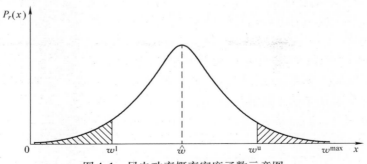

图 4.1　风电功率概率密度函数示意图

在图 4.1 中，$x$ 表示风电功率值，是随机变量，$P_r(x)$ 是其概率密度函数；$w^u$、$w^l$ 分别表示风电注入节点风电可接纳范围的上、下限值；$\hat{w}$ 表示风电功率的预测值；$w^{max}$ 表示风电功率上限。

对于给定节点，若节点实际注入的风电功率值在该节点的风电可接纳范围内，即图 4.1 中 $x$ 在 $[w^l, w^u]$ 之间取值，则风电功率的接入不会给系统运行带来风险；若实际的风电注入功率超出该节点可接纳的风电功率范围上限，即 $x \geqslant w^u$，则该节点无法接纳的风电功率值为 $x - w^u$，在此情况下，需要通过弃风等措施限制风电功率的注入，以保证系统的运行安全。另一方面，若实际的风电注入功率低于节点可接纳的风电功率范围下限，即 $x \leqslant w^l$，则节点无法应对的功率缺额为 $w^l - x$，在此情况下，则需要调用额外的备用容量或进行负荷消减等措施，以保证系统的运行安全。上述由于风电功率扰动超出节点风电接纳范围而产生的平均损失即定义为该节点风电接纳的条件风险价值 CVaR。

对于给定的节点可接纳风电功率范围上限 $w^u$，风电注入功率 $x$ 超出 $w^u$ 的差值是一个随机变量，可表示为

$$f^u(w^u, x) = \max\{0, x - w^u\} \tag{4-1}$$

式中，$f^u(w^u, x)$ 为风电功率超出 $w^u$ 的差值。

根据节点风电接入 CVaR 的定义，节点风电功率超出接纳范围上限的 CVaR 值可表示为

$$\begin{aligned}\phi(w^u) &= E[f^u(w^u, x) \mid 0 \leqslant f^u(w^u, x) \leqslant w^{max} - w^u] \\ &= \int_{0 \leqslant f^u(w^u, x) \leqslant w^{max} - w^u} f^u(w^u, x) P_r(x)\,\mathrm{d}x \\ &= \int_{0 \leqslant x - w^u \leqslant w^{max} - w^u} (x - w^u) P_r(x)\,\mathrm{d}x \end{aligned} \tag{4-2}$$

由式（4-2）可以看出，$\phi(w^u)$ 实际对应着图 4.1 右侧阴影部分的概率加权平均值。

同理，对于给定的节点可接纳风电范围下限 $w^l$，风电注入功率 $x$ 低于 $w^l$ 的差值可表示为

$$f^l(w^l, x) = \max\{0, -x + w^l\} \tag{4-3}$$

式中，$f^l(w^l, x)$ 为风电功率低于 $w^l$ 的差值。

则节点风电功率低于接纳范围下限的 CVaR 值可表示为

$$\begin{aligned}\phi(w^l) &= E[f^l(w^l, x) \mid 0 \leqslant f^l(w^l, x) \leqslant w^l] \\ &= \int_{0 \leqslant f^l(w^l, x) \leqslant w^l} f^l(w^l, x) P_r(x)\,\mathrm{d}x \\ &= \int_{0 \leqslant -x + w^l \leqslant w^l} (w^l - x) P_r(x)\,\mathrm{d}x \end{aligned} \tag{4-4}$$

由式（4-4）可以看出，$\phi(w^l)$ 实际对应着图 4.1 左侧阴影部分的概率加权平均值。

综上所述，考虑到风电注入功率的预测存在误差，各风电接入节点在实际运行中注入的风电功率可能由于超出该节点最大的风电接纳范围而给系统运行带来风险。为此，式（4-2）、式（4-4）建立了节点可接纳风电范围边界与节点风电接纳 CVaR 值之间的函数对应关系。在此基础上，对系统内各个风电接入节点的 CVaR 值求和，即可获得系统总的风电接纳 CVaR 值。

## 4.3　优化模型

### 4.3.1　目标函数

为了方便描述，仍采用实时调度时间级仅对 AGC 机组进行决策的假设。计及上述风电接纳风险，模型的优化目标设为 AGC 机组的发电成本、备用成本以及系统的风电接纳 CVaR 成本之和最小，即

$$
\begin{aligned}
Z = \min & \sum_{i=1}^{N_a} \left( c_i p_i + \hat{c}_i \Delta \hat{p}_i^{\max} + \breve{c}_i \Delta \breve{p}_i^{\max} \right) + \\
& \sum_{m=1}^{M} \theta^u \int_{w_m^u}^{w_m^{\max}} (x_m - w_m^u) P_r^m(x_m) \, \mathrm{d}x_m + \\
& \sum_{m=1}^{M} \theta^l \int_0^{w_m^l} (w_m^l - x_m) P_r^m(x_m) \, \mathrm{d}x_m
\end{aligned}
\tag{4-5}
$$

式中，$N_a$ 为 AGC 机组数目；$c_i$ 为 AGC 机组 $i$ 的发电成本系数；$p_i$ 为 AGC 机组 $i$ 的运行基点；$\hat{c}_i$、$\breve{c}_i$ 为 AGC 机组 $i$ 提供上调备用和下调备用的成本系数；$\Delta \hat{p}_i^{\max}$、$\Delta \breve{p}_i^{\max}$ 为 AGC 机组 $i$ 所需提供的最大上调容量与最大下调容量，即 AGC 机组 $i$ 的上调、下调备用容量；$M$ 为风电接入节点数目；$\theta^u$、$\theta^l$ 为两类风电接纳 CVaR 的成本系数；$w_m^{\max}$ 为风电接入节点 $m$ 的风电功率最大值；$w_m^u$、$w_m^l$ 分别为节点 $m$ 风电可接纳范围的上、下限值；$x_m$ 为节点 $m$ 风电接入的实际功率（随机量）；$P_r^m(x_m)$ 为 $x_m$ 的概率密度函数。

### 4.3.2　约束条件

在目标函数的优化过程中需满足如下约束条件：

（1）运行基点功率平衡约束为

$$
\sum_{i=1}^{N_a} p_i + \sum_{m=1}^{M} \hat{w}_m = \sum_{j=1}^{N_d} d_j - D
\tag{4-6}
$$

式中，$\hat{w}_m$ 为节点 $m$ 风电功率的预测值；$N_d$ 为负荷节点数目；$d_j$ 为负荷节点 $j$ 上的负荷；$D$ 为由非 AGC 机组承担的负荷量，实时调度时为确定值。

（2）AGC 机组备用容量约束为

$$\Delta \hat{p}_i^{\max} \geqslant \alpha_i \sum_{m=1}^{M} \Delta \hat{w}_m^{\max} \quad i = 1,2,\cdots,N_a \tag{4-7}$$

$$\Delta \breve{p}_i^{\max} \geqslant \alpha_i \sum_{m=1}^{M} \Delta \hat{w}_m^{\max} \quad i = 1,2,\cdots,N_a \tag{4-8}$$

式中，$\alpha_i$ 为 AGC 机组 $i$ 的参与因子，所有 AGC 机组的参与因子之和应为 1；$\Delta \hat{w}_m^{\max}$、$\Delta \breve{w}_m^{\max}$ 分别为节点 $m$ 所允许的风电功率向上、向下的最大扰动量。

（3）AGC 机组最大向上、向下调整能力约束为

$$0 \leqslant \Delta \hat{p}_i^{\max} \leqslant \Delta \overset{\leftarrow}{p}_i^{\max} \quad i = 1,2,\cdots,N_a \tag{4-9}$$

$$0 \leqslant \Delta \breve{p}_i^{\max} \leqslant \Delta \overset{\rightarrow}{p}_i^{\max} \quad i = 1,2,\cdots,N_a \tag{4-10}$$

式中，$\Delta \overset{\leftarrow}{p}_i^{\max}$、$\Delta \overset{\rightarrow}{p}_i^{\max}$ 分别为 AGC 机组 $i$ 所能提供的最大向上、向下调整量。

（4）AGC 机组输出功率范围约束为

$$p_i - \Delta \breve{p}_i^{\max} \geqslant p_i^{\min} \quad i = 1,2,\cdots,N_a \tag{4-11}$$

$$p_i + \Delta \hat{p}_i^{\max} \leqslant p_i^{\max} \quad i = 1,2,\cdots,N_a \tag{4-12}$$

式中，$p_i^{\max}$、$p_i^{\min}$ 分别为 AGC 机组 $i$ 的最大、最小技术出力值。

（5）机组运行基点变化速率约束为

$$-r_{d,i} \leqslant p_i - p_i^0 \leqslant r_{u,i} \quad i = 1,2,\cdots,N_a \tag{4-13}$$

式中，$p_i^0$ 为 AGC 机组 $i$ 输出功率的初值；$r_{d,i}$、$r_{u,i}$ 分别为 AGC 机组 $i$ 运行基点在调度时间间隔内的下调、上调最大限值。

（6）支路潮流约束为

支路潮流约束可表述为

$$\sum_{i=1}^{N_a} M_{il}(p_i + \Delta \tilde{p}_i) + \sum_{m=1}^{M} M_{ml}(\hat{w}_m + \Delta \tilde{w}_m) \geqslant -T_{n,l}^{\max} \tag{4-14}$$

$$\sum_{i=1}^{N_a} M_{il}(p_i + \Delta \tilde{p}_i) + \sum_{m=1}^{M} M_{ml}(\hat{w}_m + \Delta \tilde{w}_m) \leqslant T_{p,l}^{\max} \tag{4-15}$$

式中，$l = 1,2,\cdots,L$；$M_{il}$ 为 AGC 机组 $i$ 对支路 $l$ 的功率转移分布因子；$\Delta \tilde{p}_i$ 为 AGC 机组 $i$ 的输出功率调整量；$M_{ml}$ 为风电接入节点 $m$ 对支路 $l$ 的功率转移分布因子；$\Delta \tilde{w}_m$ 为节点 $m$ 接入风电功率的扰动量；$T_{n,l}^{\max}$、$T_{p,l}^{\max}$ 分别表示支路 $l$ 两个方向的传输功率上限，其值已经扣除非 AGC 机组及确定性负荷所占用的传输容量。

考虑到 AGC 备用调整与风电扰动之间的仿射对应关系（详细解释见第 2 章），式（4-14）及式（4-15）可转化为

$$\sum_{m=1}^{M} \left(M_{ml} + \sum_{i=1}^{N_a} M_{il}\alpha_i\right)\Delta \tilde{w}_m \geqslant -T_{n,l}^{\max} - \sum_{i=1}^{N_a} M_{il}p_i - \sum_{m=1}^{M} M_{ml}\hat{w}_m \quad l = 1,2,\cdots,L$$

$$\tag{4-16}$$

$$\sum_{m=1}^{M}\left(M_{ml} + \sum_{i=1}^{N_a} M_{il}\alpha_i\right)\Delta\widetilde{w}_m \leqslant T_{p,l}^{\max} - \sum_{i=1}^{N_a} M_{il}p_i - \sum_{m=1}^{M} M_{ml}\hat{w}_m \quad l = 1,2,\cdots,L$$

$$(4\text{-}17)$$

显然，要保证实时调度的鲁棒性，需保证风电注入功率 $x_m$ 在如下范围内变化时，式（4-16）和式（4-17）均可满足

$$w_m^l \equiv x_m \equiv \hat{w}_m + \Delta\widetilde{w}_m \leqslant w_m^u \quad m = 1,2,\cdots,M \tag{4-18}$$

综上，式（4-5）~式（4-13）、式（4-16）、式（4-17）构成了式（4-18）范围内的计及风电概率分布特性的实时调度有效静态安全域方法的模型。

## 4.4 模型可解化处理

### 4.4.1 目标函数线性化

由于式（4-1）所示目标函数中存在 CVaR 的积分表达，难以直接对模型进行求解。为此，借鉴文献［41］中的线性化手段，采用图 4.2 所示方法对每个风电接入节点的 CVaR 指标进行线性化处理。需要说明的是，该线性化方法适用于概率密度函数在期望值左右具有单调性（左侧单增，右侧单减）的风电功率分布情况，对概率密度函数是否以风电期望值为中心呈对称分布没有要求。

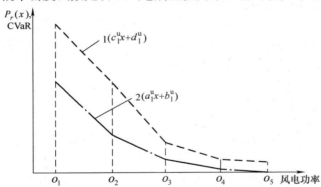

图 4.2 分段线性化方法示意图

**1. CVaR 指标的线性化**

结合图 4.2 所示概率密度函数的右半部分，CVaR 指标的线性化步骤为：

（1）将横坐标 $\hat{w}$ 与 $w^{\max}$ 间部分进行均分，获得坐标 $o_s$，$s = 1,2,\cdots,S^u$，图 4.2 示例中 $S^u = 5$。

（2）通过已知的概率密度函数（图 4.2 中曲线 1）获得各个分段点对应的概率值 $P_r(o_s)$，并在此基础上，获得概率密度函数的分段线性化函数为

$$P_{rs}(x) = c_s^u x + d_s^u \quad o_s \leqslant x \leqslant o_{s+1} \quad s = 1,2,\cdots,S^u - 1 \tag{4-19}$$

式中，$c_s^u$、$d_s^u$ 为概率密度函数上线段 $s$（以线段始端点编号对线段编号，共 $S^u - 1$ 段）的系数，可根据线段 $s$ 起点与终点的概率值求出，优化时为已知量。

（3）根据式（4-19）及式（4-2），可获得任一分段点 $o_s$ 至 $w^{max}$ 的近似 CVaR 值，如下式所示：

$$\phi(o_s) = \sum_{s}^{S^u - 1} \int_{o_s}^{o_{s+1}} (c_s^u x + d_s^u)(x - o_s)\,dx \quad s = 1, 2, \cdots, S^u - 1 \quad (4\text{-}20)$$

（4）根据式（4-20）获得 CVaR 任一分段点上的 CVaR 值，形成 CVaR 近似分段线性函数曲线（图 4.2 中曲线 2）：

$$\phi(x) = a_s^u x + b_s^u \quad o_s \leqslant x \leqslant o_{s+1}; \quad s = 1, 2, \cdots, S^u - 1 \quad (4\text{-}21)$$

式中，$a_s^u$、$b_s^u$ 为 CVaR 近似分段线性函数曲线上线段 $s$ 的系数，可由其起点与终点的 CVaR 值求出，优化时为已知量。

进而，根据式（4-21）表示的 CVaR 的近似分段线性曲线，可以方便地计算出 $w^u$ 在 $\hat{w} \sim w^{max}$ 任一点时节点的 CVaR 指标。由此，目标函数式（4-5）中的第一个非线性积分项（对应图 4.1 右侧阴影部分）可转化为如下形式：

$$E^u = \theta^u \sum_{m=1}^{M} \sum_{s=1}^{S^u - 1} (a_{m,s}^u x_{m,s}^u + b_{m,s}^u U_{m,s}^u) \quad (4\text{-}22)$$

$$\begin{cases} w_m^u = \sum_{s=1}^{S^u - 1} (x_{m,s}^u) \quad m = 1, 2, \cdots, M \\[2mm] \sum_{s=1}^{S^u - 1} (U_{m,s}^u) = 1 \quad m = 1, 2, \cdots, M \\[2mm] o_{m,s}^u U_{m,s}^u \leqslant x_{m,s}^u \leqslant o_{m,s+1}^u U_{m,s}^u \quad m = 1, 2, \cdots, M, s = 1, 2, \cdots, S^u - 1 \end{cases}$$

$$(4\text{-}23)$$

式中，$S^u$ 表示将概率密度函数曲线 $P_r(x)$ 上 $\hat{w}$ 至 $w^{max}$ 之间部分进行均分获得的坐标下标号；$a_{m,s}^u$、$b_{m,s}^u$ 为节点 $m$ 风电接纳 CVaR（右侧）线性分段函数曲线第 $s$ 段的线性化系数；$o_{m,s}^u$、$o_{m,s+1}^u$ 为线段 $s$ 左右端点对应的风电功率值；$U_{m,s}^u$ 为标识实际风电功率是否位于线段 $s$ 的 $0 - 1$ 变量；$w_m^u$ 为 $m$ 节点风电功率接纳范围的右边界；$x_{m,s}^u$ 为 $w_m^u$ 在线段 $s$ 内的取值。

同理，可用该方法将目标函数式（4-5）中的第二个非线性积分项（对应图 4.1 左侧阴影部分）转化为如下表达形式：

$$E^l = \theta^l \sum_{m=1}^{M} \sum_{s=1}^{S^l - 1} (a_{m,s}^l x_{m,s}^l + b_{m,s}^l U_{m,s}^l) \quad (4\text{-}24)$$

$$\begin{cases} w_m^{\mathrm{l}} = \sum_{s=1}^{S^{\mathrm{l}}-1} (x_{m,s}^{\mathrm{l}}) \quad m = 1,2,\cdots,M \\ \sum_{s=1}^{S^{\mathrm{l}}-1} (U_{m,s}^{\mathrm{l}}) = 1 \quad m = 1,2,\cdots,M \\ o_{m,s}^{\mathrm{l}} U_{m,s}^{\mathrm{l}} \leqslant x_{m,s}^{\mathrm{l}} \leqslant o_{m,s+1}^{\mathrm{l}} U_{m,s}^{\mathrm{l}} \quad m = 1,2,\cdots,M, s = 1,2,\cdots S^{\mathrm{l}}-1 \end{cases} \tag{4-25}$$

式中，$S^{\mathrm{l}}$ 表示将概率密度函数曲线 $P_r(x)$ 上 $0 \sim \hat{w}$ 之间部分进行均分获得的坐标下标数；$a_{m,s}^{\mathrm{l}}$、$b_{m,s}^{\mathrm{l}}$ 为节点 $m$ 风电接纳 CVaR（左侧）分段线性函数曲线第 $s$ 段的线性化系数；$o_{m,s}^{\mathrm{l}}$、$o_{m,s+1}^{\mathrm{l}}$ 为线段 $s$ 左右端点对应的风电功率值；$U_{m,s}^{\mathrm{l}}$ 为标识实际风电功率是否位于线段 $s$ 的 $0-1$ 变量；$w_m^{\mathrm{l}}$ 为 $m$ 节点风电功率接纳范围的左边界；$x_{m,s}^{\mathrm{l}}$ 为 $w_m^{\mathrm{l}}$ 在线段 $s$ 内的取值。

由此，根据式（4-22）～（4-25），即可实现对目标函数式（4-5）中积分变限函数表达式的分段线性化处理。

**2. 约束中不确定参量的处理**

由模型约束式（4-5）～式（4-13）、式（4-16）、式（4-17）可以看出，模型中仅支路潮流约束式（4-16）、式（4-17）中存在不确定参量，此处同样采用 Soyster 方法进行处理，在式（4-18）所示的扰动接纳范围内，将式（4-16）、式（4-17）等价转化为确定约束式（4-26）、式（4-27）。

$$\begin{cases} \sum_{m=1}^{M} \left[ \left( M_{ml} + \sum_{i=1}^{N_a} M_{il} \alpha_i \right) \Delta \widehat{w}_m^{\max} + \lambda_{ml}^{\mathrm{dn}} \right] \geqslant \\ \qquad - T_{n,l}^{\max} - \sum_{i=1}^{N_a} M_{il} p_i - \sum_{m=1}^{M} M_{ml} \hat{w}_m \quad m = 1,2,\cdots,M \\ \lambda_{ml}^{\mathrm{dn}} \leqslant - \left( M_{ml} + \sum_{i=1}^{N_a} M_{il} \alpha_i \right) \left( \Delta \widehat{w}_m^{\max} + \Delta \breve{w}_m^{\max} \right) \quad m = 1,2,\cdots,M \\ \lambda_{ml}^{\mathrm{dn}} \leqslant 0 \quad m = 1,2,\cdots,M \end{cases} \tag{4-26}$$

$$\begin{cases} \sum_{m=1}^{M} \left[ \left( M_{ml} + \sum_{i=1}^{N_a} M_{il} \alpha_i \right) \left( - \Delta \widehat{w}_m^{\max} \right) + \lambda_{ml}^{\mathrm{up}} \right] \leqslant \\ \qquad T_{p,l}^{\max} - \sum_{i=1}^{N_a} M_{il} p_i - \sum_{m=1}^{M} M_{ml} \hat{w}_m \quad m = 1,2,\cdots,M \\ \lambda_{ml}^{\mathrm{up}} \geqslant \left( M_{ml} + \sum_{i=1}^{N_a} M_{il} \alpha_i \right) \left( \Delta \widehat{w}_m^{\max} + \Delta \breve{w}_m^{\max} \right) \quad m = 1,2,\cdots,M \\ \lambda_{ml}^{\mathrm{up}} \geqslant 0 \quad m = 1,2,\cdots,M \end{cases} \tag{4-27}$$

式中，$\lambda_{ml}^{\mathrm{up}}$、$\lambda_{ml}^{\mathrm{dn}}$ 分别为正向、反向支路潮流约束的附加决策变量。

式（4-26）、式（4-27）与式（4-16）、式（4-17）的等效性在2.2.2节已有详细阐述，此处不再赘述。

在参与因子事先给定的情况下，容易看出，上述转化后模型构成了混合线性整数优化问题，可直接采用 CPLEX 等商用求解器进行求解。而当参与因子被视为决策变量时，模型则存在 Bilinear 项，形成非线性混合整数规划问题，下文将对其求解方法进行讨论。

### 4.4.2　参与因子与运行基点的协调优化

为了进一步完善调度结果，从参与因子取值优化的角度出发，将参与因子与AGC 机组运行基点同时作为变量进行决策。此时，4.3 节中的约束（4-7）、式（4-8）和约束（4-26）、式（4-27）中将出现非线性项，形成 Bilinear 问题。为此，本小节给出交替迭代法和 Big–M 法两种方法对双线性项进行处理，实现模型的有效求解。

#### 1. 交替迭代法

为实现 AGC 机组运行基点及参与因子的联合优化，考虑机组参与因子变化不大的特性，可以利用如图 4.3 所示的启发式算法[42]，对优化模型进行交替迭代求解。

求解过程为：

步骤一，将参与因子固定和求解调度模型，作为第一层线性优化问题，优化 AGC 机组运行基点和各节点可接纳的风电功率扰动范围边界；

步骤二，固定基点和扰动范围边界，优化 AGC 机组参与因子，作为第二层线性优化问题，得到新的参与因子值。

求解时，对两层线性优化问题进行交替迭代求解，当两层问题获得的参与因子之差小于 0.001 时，跳出循环，从而实现对 AGC 机组运行基点及其参与因子的联合优化。

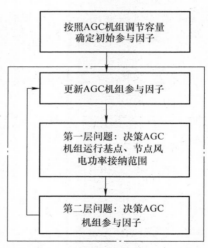

图 4.3　迭代算法示意图

这种求解方法将原来的 Bilinear 问题转化为两个线性优化问题的迭代求解，方便简单，但其解是否是全局最优的，并没有得到证实。然而，因为发电机组参与因子的变化范围较小，故以参与因子固定启动，寻求其附近的解，一般可以获得相对较好的优化效果且收敛速度较快。

**2. Big – M 法**

与交替迭代方法不同，Big – M 方法具有更加可靠的数学依据，其解的有效性也可以得到保证。当参与因子作为决策变量出现在模型中时，约束中的非线性项将由参与因子 $\alpha_i$ 与节点允许的接入风电功率的最大向上、向下扰动量 $\Delta \widehat{w}_m^{\max}$、$\Delta \widecheck{w}_m^{\max}$ 相乘构成，为两个连续变量相乘的双线性形式。为了便于 Big – M 方法处理，需将双线性项中的一个连续变量离散化，构成 Big – M 法可以直接处理的标准形式，进而，通过添加松弛变量和相应的附加约束，实现非线性项的线性转换，具体过程如下[43]。

（1）连续性风电功率扰动量的离散化。

考虑到在 4.4.1 节对 CVaR 指标分段线性化的过程中，已经引入了风电功率的分段点，因此，依旧选取这些点作为风电功率的离散点（当然，若是选择对参与因子实施离散化也是可以的）。

此时，对于风电功率有如下离散化表达形式：

$$x_{m,s}^{u} = \beta_{m,s}^{+} o_{m,s}^{u} + \beta_{m,s}^{-} o_{m,s+1}^{u} \quad \beta_{m,s}^{+} \in \{0,1\}, \beta_{m,s}^{-} \in \{0,1\} \tag{4-28}$$

$$x_{m,s}^{l} = \eta_{m,s}^{+} o_{m,s}^{l} + \eta_{m,s}^{-} o_{m,s+1}^{l} \quad \eta_{m,s}^{+} \in \{0,1\}, \eta_{m,s}^{-} \in \{0,1\} \tag{4-29}$$

式中，$\beta_{m,s}^{+}$、$\beta_{m,s}^{-}$、$\eta_{m,s}^{+}$、$\eta_{m,s}^{-}$ 为引入的离散松弛变量，取值为 0 或 1。

为保证风电功率的唯一性，还需要对新引入的离散松弛变量作如下限制：

$$\beta_{m,s}^{+} + \beta_{m,s}^{-} = U_{m,s}^{u} \tag{4-30}$$

$$\eta_{m,s}^{+} + \eta_{m,s}^{-} = U_{m,s}^{l} \tag{4-31}$$

式中，$U_{m,s}^{u}$、$U_{m,s}^{l}$ 与式（4-23）、式（4-25）中相应变量具有相同含义。

由此，可以得到连续性风电功率扰动量 $\Delta \widehat{w}_m^{\max}$、$\Delta \widecheck{w}_m^{\max}$ 的离散化表达形式如下式所示：

$$\Delta \widehat{w}_m^{\max} = \sum_{s=1}^{S^u-1} x_{m,s}^{u} - \widehat{w}_m = \sum_{s=1}^{S^u-1} (\beta_{m,s}^{+} o_{m,s}^{u} + \beta_{m,s}^{-} o_{m,s+1}^{u}) - \widehat{w}_m \tag{4-32}$$

$$\Delta \widecheck{w}_m^{\max} = \widehat{w}_m - \sum_{s=1}^{S^l-1} x_{m,s}^{l} = \widehat{w}_m - \sum_{s=1}^{S^l-1} (\eta_{m,s}^{+} o_{m,s}^{l} + \eta_{m,s}^{-} o_{m,s+1}^{l}) \tag{4-33}$$

（2）AGC 机组备用容量约束的处理。

通过上一步骤中得到的风电扰动量的离散化表达，AGC 机组的备用容量约束（4-7）和式（4-8）可转化为

$$\Delta \widehat{p}_i^{\max} \geqslant \alpha_i \sum_{m=1}^{M} \left[ \widehat{w}_m - \sum_{s=1}^{S^l-1} (\eta_{m,s}^{+} o_{m,s}^{l} + \eta_{m,s}^{-} o_{m,s+1}^{l}) \right] \tag{4-34}$$

$$\Delta \widecheck{p}_i^{\max} \geqslant \alpha_i \sum_{m=1}^{M} \left[ \sum_{s=1}^{S^u-1} (\beta_{m,s}^{+} o_{m,s}^{u} + \beta_{m,s}^{-} o_{m,s+1}^{u}) - \widehat{w}_m \right] \tag{4-35}$$

式（4-34）、式（4-35）存在连续变量与离散变量相乘的形式，符合 Big –

M 方法应用的标准格式，可通过在模型中添加附加约束：

$$
\begin{cases}
\sigma_{i,m,s}^{+} = \alpha_i \eta_{m,s}^{+} \\
\sigma_{i,m,s}^{+} \leqslant \alpha_i \\
\sigma_{i,m,s}^{+} \leqslant M\eta_{m,s}^{+} \\
\sigma_{i,m,s}^{+} \geqslant \alpha_i - M(1 - \eta_{m,s}^{+}) \\
\sigma_{i,m,s}^{+} \geqslant 0 \\
\eta_{m,s}^{+} \in \{0,1\}
\end{cases}
\tag{4-36}
$$

$$
\begin{cases}
\sigma_{i,m,s}^{-} = \alpha_i \eta_{m,s}^{-} \\
\sigma_{i,m,s}^{-} \leqslant \alpha_i \\
\sigma_{i,m,s}^{-} \leqslant M\eta_{m,s}^{-} \\
\sigma_{i,m,s}^{-} \geqslant \alpha_i - M(1 - \eta_{m,s}^{-}) \\
\sigma_{i,m,s}^{-} \geqslant 0 \\
\eta_{m,s}^{-} \in \{0,1\}
\end{cases}
\tag{4-37}
$$

$$
\begin{cases}
\rho_{i,m,s}^{+} = \alpha_i \beta_{m,s}^{+} \\
\rho_{i,m,s}^{+} \leqslant \alpha_i \\
\rho_{i,m,s}^{+} \leqslant M\beta_{m,s}^{+} \\
\rho_{i,m,s}^{+} \geqslant \alpha_i - M(1 - \beta_{m,s}^{+}) \\
\rho_{i,m,s}^{+} \geqslant 0 \\
\beta_{m,s}^{+} \in \{0,1\}
\end{cases}
\tag{4-38}
$$

$$
\begin{cases}
\rho_{i,m,s}^{-} = \alpha_i \beta_{m,s}^{-} \\
\rho_{i,m,s}^{-} \leqslant \alpha_i \\
\rho_{i,m,s}^{-} \leqslant M\beta_{m,s}^{-} \\
\rho_{i,m,s}^{-} \geqslant \alpha_i - M(1 - \beta_{m,s}^{-}) \\
\rho_{i,m,s}^{-} \geqslant 0 \\
\beta_{m,s}^{-} \in \{0,1\}
\end{cases}
\tag{4-39}
$$

将约束（4-34）、约束（4-35）等效转化为

$$
\Delta \hat{p}_{i,t}^{\max} \geqslant \sum_{m=1}^{M} \left( \alpha_i \hat{w}_m - \sum_{s=1}^{S^{1}-1} (\sigma_{i,m,s}^{+} o_{m,s}^{1} + \sigma_{i,m,s}^{-} o_{m,s+1}^{1}) \right)
\tag{4-40}
$$

$$\Delta \breve{p}_{i,t}^{\max} \geqslant \sum_{m=1}^{M} \left( \sum_{s=1}^{S^u-1} (\rho_{i,m,s}^+ o_{m,s}^u + \rho_{i,m,s}^- o_{m,s+1}^u) - \alpha_i \hat{w}_m \right) \tag{4-41}$$

式（4-36）~式（4-41）中，$M$ 为给定大值（相比较于其他值明显较大）。这一转化过程的有效性，可以通过将 $\beta_{m,s}^+$、$\beta_{m,s}^-$、$\eta_{m,s}^+$、$\eta_{m,s}^-$ 的不同取值（0 或 1）代入，进行验证，代入过程也将有助于对 Big – M 方法的理解。

（3）支路潮流约束的处理。

同理，在附加约束式（4-36）~式（4-39）的作用下，可将支路潮流约束式（4-16）和式（4-17）整理为

$$\sum_{m=1}^{M} (M_{ml} \Delta \hat{w}_m^{\max} + \lambda_{ml}^{dn}) + \sum_{m=1}^{M} \sum_{i=1}^{N_a} M_{il} \left( \sum_{s=1}^{S^u-1} (\rho_{i,m,s}^+ o_{m,s}^u + \rho_{i,m,s}^- o_{m,s+1}^u) - \alpha_i \hat{w}_m \right) \geqslant$$
$$- T_{n,l}^{\max} - \sum_{i=1}^{N_a} M_{il} p_i - \sum_{m=1}^{M} M_{ml} \hat{w}_m \tag{4-42}$$

$$\lambda_{ml}^{dn} \leqslant - M_{ml} (\Delta \hat{w}_m^{\max} + \Delta \breve{w}_m^{\max}) -$$
$$\sum_{i=1}^{N_a} M_{il} \left( \sum_{s=1}^{S^u-1} (\rho_{i,m,s}^+ o_{m,s}^u + \rho_{i,m,s}^- o_{m,s+1}^u) - \sum_{s=1}^{S^l-1} (\sigma_{i,m,s}^+ o_{m,s}^l + \sigma_{i,m,s}^- o_{m,s+1}^l) \right)$$
$$\tag{4-43}$$

$$\sum_{m=1}^{M} (- M_{ml} \Delta \breve{w}_m^{\max} + \lambda_{ml}^{up}) + \sum_{m=1}^{M} \sum_{i=1}^{N_a} M_{il} \left( \alpha_i \hat{w}_m - \sum_{s=1}^{S^l-1} (\sigma_{i,m,s}^+ o_{m,s}^l + \sigma_{i,m,s}^- o_{m,s+1}^l) \right) \leqslant$$
$$T_{p,l}^{\max} - \sum_{i=1}^{N_a} M_{il} p_i - \sum_{m=1}^{M} M_{ml} \hat{w}_m \tag{4-44}$$

$$\lambda_{ml}^{up} \geqslant M_{ml} (\Delta \hat{w}_m^{\max} + \Delta \breve{w}_m^{\max}) +$$
$$\sum_{i=1}^{N_a} M_{il} \left( \sum_{s=1}^{S^u-1} (\rho_{i,m,s}^+ o_{m,s}^u + \rho_{i,m,s}^- o_{m,s+1}^u) - \sum_{s=1}^{S^l-1} (\sigma_{i,m,s}^+ o_{m,s}^l + \sigma_{i,m,s}^- o_{m,s+1}^l) \right)$$
$$\tag{4-45}$$

通过上述变换，模型构成了 0 – 1 混合整数线性优化问题，可利用现有商用求解器方便求解。

## 4.5　算例分析

本节通过对简单 6 节点系统的测试计算验证了本章方法的有效性，并对影响风电接纳范围的因素进行了灵敏度分析；通过对 IEEE 118 节点系统的测试计算，验证了算法的计算效率能够满足工程需要。

测试计算采用 GAMS CPLEX 求解器进行求解，计算机配置为因特尔 Xeon E31200 v2 系列，主频 3.1 GHz，内存 8 G。

### 4.5.1 固定参与因子的简单 6 节点系统算例

本小节按照各 AGC 机组调节容量之比设置固定的参与因子，着重对本章方法的准确性、有效性及计算效率进行验证。需要说明的是，参与因子的设置方式并不唯一，除了此处采用的设置方式外，还可以依照经济性指标[44]等原则进行设置，体现各发电机组的发电成本系数和备用成本系数对于 AGC 机组备用量与调节量的影响。

#### 1. 算例介绍

本章所采用的简单 6 节点测试系统结构图与第 2 章、第 3 章算例分析中的 6 节点系统一致，只是在 5 节点、6 节点分别接入 1 个风电场，如图 4.4 所示，系统共有 3 台机组，均作为 AGC 机组使用，参数设定见表 4.1。

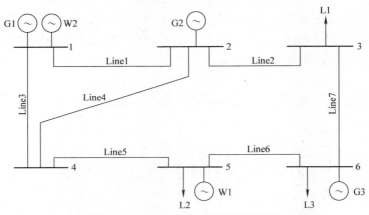

图 4.4　6 节点系统 2 风电场接线图

**表 4.1　6 节点系统机组参数**（均为标幺值）

| 编号 | 节点 | 功率上限 | 功率下限 | 发电成本 | 参与因子 | 调节容量 | 初始功率 |
|---|---|---|---|---|---|---|---|
| 1 | 1 | 2.0 | 1.0 | 1.05 | 0.445 | 0.150 | 1.5 |
| 2 | 2 | 1.5 | 0.5 | 1.00 | 0.332 | 0.112 | 1.0 |
| 3 | 6 | 1.0 | 0.2 | 1.10 | 0.223 | 0.075 | 0.6 |

注：本章各表中数据均为标幺值，功率基准值为 100MW，成本基准值为 400 元/（MW·h），备用成本设为发电成本的十分之一，参与因子按照各 AGC 机组调节容量之比设置。

系统在 3、5、6 节点接有负荷，在 1、5 节点处各有装机容量为 50MW 的风电场并网发电，为了便于测试，假设风电场输出功率误差服从正态分布[45,46]。在调度目标时段内，风电场 1 的输出功率期望值为 30.31MW，风电场 2 的输出功率期望值为 22.58MW，预测标准差与期望之比设为 20%[47]。风电接纳 CVaR 对应的成本系数设置参考文献［48］，在出现弃风情况时设为 300 元/（MW·h），出现甩负荷情况时设为 3000 元/（MW·h）。

**2．计算结果分析**

对 6 节点测试系统进行计算，所得结果见表 4.2。

**表 4.2　AGC 机组运行状态**

| 机组编号 | 节点 | 运行基点 | 向下调节范围 | 向上调节范围 |
| --- | --- | --- | --- | --- |
| 1 | 1 | 1.3500 | 0.06337 | 0.11767 |
| 2 | 2 | 0.8875 | 0.04728 | 0.08779 |
| 3 | 6 | 0.5427 | 0.03176 | 0.05897 |

在表 4.2 所示的 AGC 机组运行基点配置情况下，6 节点系统的发电成本与备用成本之和为 9673.38 元，风电接纳 CVaR 成本为 141.65 元，调度总成本为 9844.31 元。

根据风电场发出功率的预测结果及其误差概率分布假设，用蒙特卡洛方法模拟各个风电接入节点的注入功率，验证所得各节点风电接纳范围对风电功率扰动的覆盖能力，计算结果如图 4.5 所示。

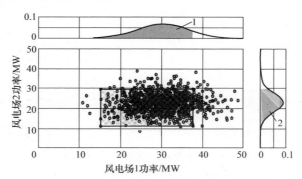

图 4.5　6 节点系统风电接纳范围示意图

1，2—节点接纳区覆盖范围

在图 4.5 中，矩形区域是由 2 个风电接入节点风电接纳区间共同构成的系统风电接纳范围；圆点是进行 1000 次蒙特卡洛模拟抽取的风电注入功率点；横、纵坐标轴叠加的小图表示两个维度上相互独立的风电功率概率密度函数；区域 1、2 是节点风电接纳区间的覆盖范围。

在该调度时段内，风电接入节点 5 对风电场 1 的接纳区间为 [15.153MW，37.691MW]，根据其风电概率密度函数，能以 88.22% 的概率覆盖风电功率扰动；风电接入节点 1 对风电场 2 的接纳区间为 [11.290MW，29.435MW]，根据其风电概率密度函数，能以 92.93% 的概率覆盖风电功率扰动范围。

经计算验证，在蒙特卡洛模拟抽取的 1000 个风电注入功率点中，有 84.27% 的点落在系统允许的风电扰动范围内，说明按照本文方法的调度结果进行 AGC 机组配置，整个系统能以 84.27% 的概率应对各种组合情况下的风电功率扰动，接近理论计算的结果，即 81.98%（这里的误差主要是由于蒙特卡洛抽样次数有限导致的）。

此外，在图 4.5 中，风电接纳范围左侧及下侧的不可接纳样本数较少，说明系统对于高估风电功率的功率预测偏差具有更强的覆盖能力，这是由于在实际运行中，切负荷对应的风险成本系数远高于弃风所对应的风险成本系数，调度结果着重应对了切负荷的风险，体现了调度决策在应对风险时的倾向性。

**3. 最大有效静态安全域方法决策结果**

将本章方法所得调度结果与最大有效静态安全域方法所得调度结果进行对比，如图 4.6 所示。其中，在对最大有效静态安全域方法的测试中，设各风电接入节点注入功率的扰动范围为功率预测值正负 3 个标注差构成的区间。

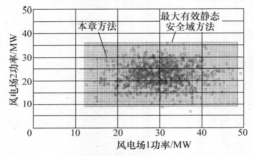

图 4.6　本章方法与最大有效静态安全域方法对比

图 4.6 中，按最大有效静态安全域方法，得到大矩形区域表示的有效静态安全域，可以以 99.70% 的概率覆盖蒙特卡洛模拟抽取的 1000 个风电注入功率点（未覆盖部分是由于扰动区域按 3 个标注差原则给出导致的），但其调度总成本达到了 10253.70 元，高出本章方法 4.16%，调度结果经济性欠佳。这是由于最大有效静态安全域方法在决策时没有考虑风电的概率分布特征，得到的风电功率接纳区间尽力覆盖所有的扰动情况，从而为一些极小概率事件提高了系统的发电成本和备用成本，影响了系统运行整体的经济性。

由此可知，本章方法获得的节点风电功率接纳范围具有统计优性，能够重点覆盖对系统运行造成较大影响的扰动情况如甩负荷，所得调度总的期望成本与最大有效静态安全域法相比较小。

**4. 源、网参数变化对决策结果的影响分析**

针对含风电场 6 节点算例系统，通过改变与源、网特性相关的参量，如支路传输容量、AGC 机组最大调节容量及参与因子，分析这些变化对本章方法所得调度结果的影响。

（1）支路传输容量的影响。

在算例的计算中发现，系统对风电功率扰动的接纳范围受线路 5 的正向潮流约束限制，为了说明支路传输容量限制对风电接纳范围的影响，改变线路5的最大传输容量限制值，由90MW扩容至130MW，得到各节点风电功率接纳范围大小及相应的总调度成本变化趋势如图4.7所示。

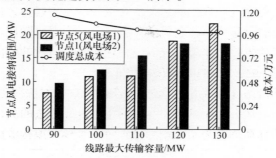

图4.7　线路不同传输容量对应的风电接纳范围大小及调度总成本

图4.7中，随着线路5的最大传输容量不断提高，调度总成本由11476.09元不断下降至9779.34元，下降14.79%，各节点的风电功率接纳范围大小均明显增大。说明本章所提出的方法可以有效反映支路传输容量约束对于决策结果的影响，同时说明提升关键线路的传输容量对于提高系统的扰动平抑能力有着重要的作用。

（2）AGC机组调节能力的影响。

在实时调度问题中，受物理条件的限制，每台AGC机组所能提供的调节能力有限。通过改变AGC机组1的最大调节容量，得到各节点风电功率接纳范围如图4.8所示。

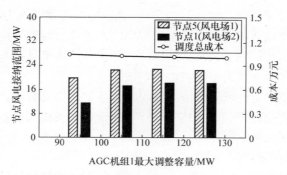

图4.8　机组1不同最大调整量对应的风电接纳范围大小及调度总成本

由图4.8可知，随着AGC机组1的最大调整容量增大，调度总成本由10157.19元不断下降至9435.57元，下降7.10%。与此同时，节点1及节点5的风电功率接纳范围均有不同程度的增长。

由此可见，本章方法能够正确反映各节点风电接纳能力与各 AGC 机组调节能力的对应关系，通过在调度中充分设置、合理利用系统的备用容量，增强 AGC 机组的调节灵活性，可达到减少调度总成本、提升系统抗扰动能力、增强系统对可再生能源消纳能力的目的。

（3）参与因子的影响。

参与因子能够反映各 AGC 机组在平抑风电功率扰动时的贡献度，对决策结果有着显著的影响。图 4.9 给出了两种不同参与因子配置情况下（按均匀分配与按调节能力分配）各节点风电功率接纳范围的大小。

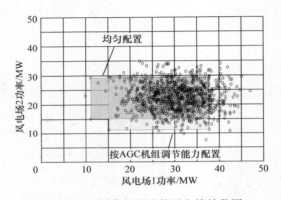

图 4.9    不同参与因子的风电接纳范围

在图 4.9 中，参与因子均匀配置时，各 AGC 机组以相同的贡献度进行风电功率扰动平抑，风电接入节点 5 对风电场 1 的接纳区间能以 88.76% 的概率覆盖风电功率扰动；风电接入节点 1 对风电场 2 的接纳区间能以 87.94% 的概率覆盖风电功率扰动范围；两者构成的矩形区域 1 以 79.90% 的概率覆盖蒙特卡洛模拟抽取的 1000 个风电注入功率点。与按 AGC 机组调节容量之比配置参与因子的情况相比，均匀配置参与因子的方式会减弱系统对风电扰动的覆盖能力，说明参与因子的配置方式会直接影响模型的调度结果。

### 4.5.2    固定参与因子 118 节点系统多风电场算例

由 4.4 节可知，模型的计算效率与线性化过程的分段数以及系统中的风电场数量有关。本小节利用 IEEE 118 节点系统多风电场算例对这两种因素的影响程度进行了测试。

**1. 算例介绍**

本章所采用的 IEEE 118 节点测试系统的结构与第 2 章、第 3 章算例分析中的 IEEE 118 节点系统结构一致，并设此系统中共有 3 个节点存在风电接入。在概率密度函数单侧采用 4 分段线性化的情况下，通过对算例系统的测试，程序总的计算时间为 0.688s，说明本章方法在预先给定参与因子分配方式的情况下，由于保持了调度模型的线性性质，计算效率较高，能够满足实际系统的计算效率要求。

**2. 分段数的影响**

当各节点风电功率的概率密度函数在期望值单侧的线性分段数为 4、6、8、10、12、14、16 时，系统的风电接纳 CVaR 成本及运算时间变化如图 4.10 所示。

由测试结果可以看出，随着期望值单侧线性分段数由 4 增加到 16，系统的风电接纳 CVaR 成本从 160.99 元开始下降，最终稳定在 100 元左右较小的范围内，说明线性化方法所得各风电接入节点的近似 CVaR 指标精度较高，能够较为准确地描述风电功率预测误差给调度带来的风险损失。这一过程中，虽然模型的运算时间有所增加，但总体变化幅度不超过 0.442s（39.08%），不会明显增加计算负担，符合实际工程的应用需求。

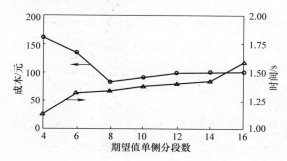

图 4.10　118 节点系统总风电接纳 CVaR 成本及运算时间

**3. 风电场接入数量的影响**

当 IEEE 118 节点系统内接入的风电场数量分别为 5、10、15、20、25 时，系统的运算时间变化如图 4.11 所示。

从测试结果可以看出，随着 IEEE 118 节点系统中的风电场数量增多，模型的运算时间线性增加，计算效率可满足实际应用需求。

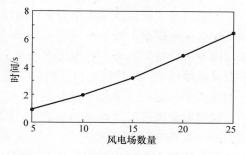

图 4.11　IEEE 118 节点系统运算时间

**4.5.3　协调优化方法的对比分析**

本小节测试了参与因子与运行基点协调优化时的情况，分别采用了交替迭代法与 Big - M 法两种求解方法。表 4.3、表 4.4 对两种求解方法与参与因子按照机组调节能力预先设定方法的调度决策结果进行了对比。

表 4.3 参与因子优化方法对 AGC 机组运行基点、参与因子、调度成本的影响

| 求解方法 | 运行基点（pu） | | | 参与因子（pu） | | | 成本/元 | |
|---|---|---|---|---|---|---|---|---|
| | 机组 1 | 机组 2 | 机组 3 | 机组 1 | 机组 2 | 机组 3 | 总成本 | 风险成本 |
| 参与因子固定 | 1.3500 | 0.8875 | 0.5427 | 0.445 | 0.333 | 0.222 | 9844.095 | 29.355 |
| 交替迭代法 | 1.3500 | 0.8875 | 0.5349 | 0.450 | 0.425 | 0.125 | 9781.956 | 33.09 |
| Big – M | 1.3500 | 0.8875 | 0.5250 | 0.430 | 0.191 | 0.378 | 9737.539 | 29.684 |

表 4.4 参与因子优化方法对节点风电接纳范围及其覆盖能力的影响

| 求解方法 | 节点风电接纳范围/MW | | 覆盖能力（%） |
|---|---|---|---|
| | 风电场 1 | 风电场 2 | |
| 参与因子固定 | [15.153, 37.691] | [11.290, 29.435] | 79.83 |
| 交替迭代法 | [15.153, 37.691] | [11.290, 28.539] | 80.70 |
| Big – M | [15.153, 37.691] | [11.290, 29.435] | 83.90 |

由表 4.3、表 4.4 可见，参与因子同时作为变量进行决策能够获得更合理的运行基点和参与因子配置组合，实现更低成本下的安全、经济运行。在两种协调优化方法的对比中，考虑到交替迭代法是一种启发式算法，获得的是从某一初始点出发的局部最优解，而 Big – M 法经过线性转化能够得到严格的全局最优解，因此，从调度成本和对风电功率扰动的覆盖能力两项指标来看，Big – M 法对应的决策结果在安全性和经济性方面的优势更为明显。

## 4.6 本章小结

本章构建了以运行成本和节点风电接纳风险成本最小化为目标的有效静态安全域优化调度模型，对节点风电接纳范围上、下边界及 AGC 机组的运行基点与参与因子进行优化决策。在模型求解过程中，利用线性化手段对变限积分形式的节点风电接纳 CVaR 指标进行了转换，提高了模型的求解效率及实用性；并给出了参与因子与运行基点协调优化时对于所形成双线性问题的两种求解方法。最后，通过对简单 6 节点系统的测试计算验证了方法的有效性，并对影响风电接纳范围的因素进行了灵敏度分析；通过对 IEEE 118 节点系统的测试计算，验证了算法的计算效率能够满足实际工程需要。本章方法实现了随机优化与鲁棒优化两种不确定优化方法的有机统一，所得决策结果在优化各节点风电接纳范围时充分考虑了风电的历史统计规律，确保了风电接入的安全性和调度决策的经济性。

# 第 5 章

## 柔性超前调度的有效静态安全域法

## 5.1　引言

　　超前调度的概念起源于 20 世纪 80 年代[49]，旨在制定未来几个小时内电力系统的发电计划。超前调度能够利用短期发电和负荷的预测值，结合时间关联约束，有利于提高风电等新能源发电的利用率[50]，是日前调度和实时调度的重要补充[51,52]。高比例风电并入电力系统，缓解了环境与能源的压力。然而，风能的波动性和不确定性也对超前调度提出了更高的要求，特别是在电力系统灵活性能方面，需要电力系统时刻保持足够的灵活性，以应对大规模风电接入带来的运行风险[53,54]。

　　电力系统灵活性是指系统在处理发电侧和需求侧的波动性和不确定性时，以合理的成本保持较高运行可靠性水平的能力[55]。这里，波动性可以理解为发电与负荷在时段间明显的功率变化，而不确定性则是指对于未来时段无法准确获知其发电与负荷功率值，灵活性就是指应对波动性与不确定性的能力。电力系统运行的灵活性提升可以通过在超前调度框架下配备充足的备用容量来实现，目前已有较多的相关研究。例如，文献［56］在考虑功率时序变化的备用配置模型基础上，尝试着进一步更新与扩展了电力系统灵活性的概念。文献［57］研究了利用负荷来提供灵活性能力的可行性和有效性。在文献［58］中，需求侧的灵活性能被用于配合火力发电机组的发电优化。此外，通过储能系统[59]和风机控制[60]来提高超前调度中电力系统灵活性的相关研究也有所开展。

　　然而，由于电力系统灵活性受到各种物理约束的限制，并且配置备用将增加发电机组的发电成本，因此，不确定的可再生能源发电例如风电、光伏等，可能无法在所有时刻均实现完全消纳。超前调度必须在提供充足备用以消纳更多可再生能源发电和降低系统运行成本之间取得平衡。文献［61］提出了一种寻找最灵活运行计划的方法，该方法可以更好地应对运行风险。文献［62］首次评估了电力系统灵活性配置如何影响经济调度，并用灵敏度分析的方法建立了发电成本和运行风险指标之间的联系。这些研究有助于理解备用配置问题，但它们都是基于随机优化的方法，求解过程对于大型系统来说通常是棘手的，不符合超前调度的在线计算要求。

在上述背景下，本章以风电消纳为研究背景，提出了柔性超前调度的有效静态安全域法，借鉴鲁棒优化的建模思路构建优化模型，使得模型更易求解，适合大规模电力系统应用；同时，将风电的概率分布函数引入到优化过程，使方法可以获得具有统计优性的优化结果。该方法可实现有效静态安全域的优化，在备用成本与风电接纳风险之间进行权衡。本章方法与第4章方法的主要区别体现在考虑了时间关联约束，以满足系统新能源发电消纳的柔性需求。

## 5.2　超前调度中风电消纳的有效静态安全域

备用容量和响应速率决定了电力系统运行的灵活性。对于传统的短期调度而言，备用配置主要考虑了备用容量的充足性，而忽略了其连续响应的速率问题。然而，对于高比例风电接入的电力系统，由于风电功率变化较快，即使系统具有足够的备用容量，也可能由于发电机组爬坡速率的限制，导致无法及时释放备用容量来应对风电功率的突然变化。考虑到期望场景和扰动场景下备用在连续时段持续响应速率的要求，电力系统的灵活性容量可以被理解为具有足够功率变化速率能够在规定时间内被释放出来的备用容量[55]。在超前调度的决策框架中，灵活性容量与AGC机组的运行基点和参与因子配置密切相关[63]。

电力系统的灵活性可以通过各个节点扰动的有效接纳区间进行量化，即节点的有效静态安全域，对于风电注入的节点，此区间被表述为风电功率扰动的接纳范围（Admissible Region of Wind Power，ARWP）[63]。正如有效静态安全域的定义，风电功率扰动的接纳范围ARWP是风电功率不确定扰动范围的一部分，在该范围内的任何风电功率扰动都可以被系统消纳而不会引起如弃风或切负荷等系统的运行风险。风电功率扰动接纳范围受到备用容量、备用响应速率和电网输电能力的约束[64]。图5.1显示了在某风电并入节点上，由于备用响应速率限制而导致的风电功率扰动接纳范围在时段间的牵制关系。

图5.1a显示了该节点在$t$时刻可接纳的向上的风电扰动接纳范围$ARWP_t^u$与该节点在$t+1$时刻可接纳的向下的风电扰动接纳范围$ARWP_{t+1}^d$之间的牵制关系，图中，$\hat{w}_t$为$t$时刻的风电功率的预测值；$r_{u,t}$表示不考虑时间关联性时，节点上可以允许的风电扰动范围，$r_{u,t}^s$是指考虑到时间关联性，为了给$t+1$时刻预留足够的向下的风电扰动接纳能力而舍弃的$t$时刻的向上的风电扰动接纳范围，$p_t^u$则为$t$时刻可用的向上的扰动接纳范围，三者满足$r_{u,t}^s = r_{u,t} - p_t^u$；$R_n$是该节点上所能获得的最大的下调速率。可以看出，为了保证在$t+1$时刻节点有足够的下扰动接纳能力$p_{t+1}^d$，$t$时刻节点的上调能力$r_{u,t}$并不能完全被利用。图5.1b则显示

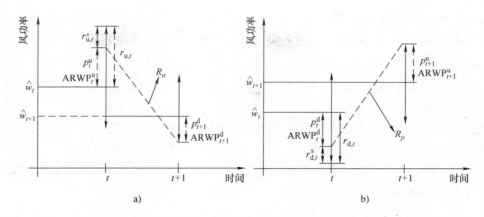

图 5.1 连续时段上风电功率扰动接纳范围的确定

了节点在 $t$ 时刻可接纳的向下的风电扰动范围 $\mathrm{ARWP}_t^{\mathrm{d}}$ 与该节点在 $t+1$ 时刻可接纳的向上的风电扰动范围 $\mathrm{ARWP}_{t+1}^{\mathrm{u}}$ 之间的牵制关系，结合对图 5.1a 的解释很好理解，不再赘述。

## 5.3 优化模型

### 5.3.1 目标函数

降低系统的运行成本是电力系统优化调度的重要任务。总的来说，灵活性容量的配置会在正反两个方面影响系统的运行成本[48]：一方面，灵活性容量的配置会迫使发电机远离其经济运行点，这将增加火力发电机组的燃料成本；另一方面，灵活性容量的配置可降低系统弃风和甩负荷的风险，从而减少相应的损失。此外，提供灵活性容量自身的成本也应计算在内，因为提供灵活性容量通常不是免费的[11]。

因此，模型总的运行成本应包括发电成本、备用成本和与风电功率接纳 CVaR 相关的风险成本。在不失一般性的前提下，为简化表达，假设超前调度所调控的所有机组都是 AGC 机组。那么，目标函数可表示为

$$Z = \min \sum_{t=1}^{T} \sum_{i=1}^{N_a} \left( c_{i,t} p_{i,t} + \widehat{c}_{i,t} \Delta \widehat{p}_{i,t}^{\max} + \breve{c}_{i,t} \Delta \breve{p}_{i,t}^{\max} \right) +$$

$$\sum_{t=1}^{T} \sum_{m=1}^{M} \theta^{\mathrm{u}} \int_{w_{m,t}^{\mathrm{u}}}^{w_m^{\max}} (x_{m,t} - w_{m,t}^{\mathrm{u}}) P_{\mathrm{r}}^{m,t}(x_{m,t}) \mathrm{d}x_{m,t} +$$

$$\sum_{t=1}^{T} \sum_{m=1}^{M} \theta^{\mathrm{l}} \int_{0}^{w_{m,t}^{\mathrm{l}}} (w_{m,t}^{\mathrm{l}} - x_{m,t}) P_{\mathrm{r}}^{m,t}(x_{m,t}) \mathrm{d}x_{m,t} \tag{5-1}$$

式中，$T$ 为超前调度的前瞻时段数；其余参数与变量 $N_a$、$c_{i,t}$、$p_{i,t}$、$\widehat{c}_{i,t}$、$\breve{c}_{i,t}$、

$\Delta \widehat{p}_{i,t}^{\max}$、$\Delta \widecheck{p}_{i,t}^{\max}$、$M$、$\theta^{\mathrm{u}}$、$\theta^{\mathrm{l}}$、$w_m^{\max}$、$w_{m,t}^{\mathrm{u}}$、$w_{m,t}^{\mathrm{l}}$、$x_{m,t}$、$P_{\mathrm{r}}^{m,t}(x_{m,t})$ 均与上一章目标函数中有关参数与变量的物理意义相同，其中 $N_a$ 为 AGC 机组数目；$c_{i,t}$ 为 AGC 机组 $i$ 的发电成本系数；$p_{i,t}$ 为 AGC 机组 $i$ 的运行基点；$\widehat{c}_{i,t}$、$\widecheck{c}_{i,t}$ 为 AGC 机组 $i$ 提供上调备用和下调备用的成本系数；$\Delta \widehat{p}_{i,t}^{\max}$、$\Delta \widecheck{p}_{i,t}^{\max}$ 为 AGC 机组 $i$ 所需提供的最大上调容量与最大下调容量，即 AGC 机组 $i$ 的上调、下调备用容量；$M$ 为风电接入节点数目；$\theta^{\mathrm{u}}$、$\theta^{\mathrm{l}}$ 为两类风电接纳 CVaR 的成本系数；$w_m^{\max}$ 为风电接入节点 $m$ 的风电功率最大值；$w_{m,t}^{\mathrm{u}}$、$w_{m,t}^{\mathrm{l}}$ 为节点 $m$ 风电可接纳范围的上、下限值；$x_{m,t}$ 为节点 $m$ 风电接入的实际功率（随机量）；$P_{\mathrm{r}}^m(x_m)$ 为 $x_m$ 的概率密度函数。

## 5.3.2 约束条件

（1）运行基点的功率平衡约束。

系统的负荷需求（除去非 AGC 机组承担的部分）需在 AGC 机组上进行分配，满足如下约束：

$$\sum_{i=1}^{N_a} p_{i,t} + \sum_{m=1}^{M} \widehat{w}_{m,t} = \sum_{j=1}^{N_d} d_{j,t} - D_t \tag{5-2}$$

式中，$\widehat{w}_{m,t}$ 为节点 $m$ 风电功率在时刻 $t$ 的预测值；$N_d$ 为负荷节点数目；$d_{j,t}$ 为负荷节点 $j$ 上在时刻 $t$ 的负荷量；$D_t$ 为由非 AGC 机组承担的负荷量，超前调度时为确定值。

（2）AGC 机组的备用容量约束。

在运行过程中，AGC 机组所需提供的最大调节量，即机组所需提供的备用容量，由系统范围内的最大扰动量和机组参与因子共同决定。同时，受到机组自身能力的限制，机组所能提供的向上、向下的备用容量是有限的，对应约束可以表示为

$$\begin{cases} \Delta \widehat{p}_{i,t}^{\max} \geqslant \alpha_{i,t} \sum_{m=1}^{M} \Delta \widecheck{w}_{m,t}^{\max} & i = 1,2,\cdots,N_a \\ \Delta \widecheck{p}_{i,t}^{\max} \geqslant \alpha_{i,t} \sum_{m=1}^{M} \Delta \widehat{w}_{m,t}^{\max} & i = 1,2,\cdots,N_a \end{cases} \tag{5-3}$$

式中，$\alpha_{i,t}$ 为 AGC 机组 $i$ 在 $t$ 时段分配的参与因子；$\Delta \widehat{w}_{m,t}^{\max}$、$\Delta \widecheck{w}_{m,t}^{\max}$ 为节点 $m$ 在时段 $t$ 所允许的风电功率向上、向下的最大扰动量。其中，对于每个调度时段，各个机组的参与因子需满足

$$\sum_{i=1}^{N_a} \alpha_{i,t} = 1 \tag{5-4}$$

（3）机组时段间调节能力约束。

机组在时段间的调节能力约束是为了保证机组有足够的调整能力，应对负荷时段间的波动，约束描述了相邻时段间机组输出功率之间的关系，确保即使在最

严苛的调整需求情况下，机组的调节能力仍然能够满足所分配的发电调整任务。

$$\begin{cases} p_{i,t+1} - p_{i,t} + \Delta \check{p}_{i,t}^{\max} + \Delta \hat{p}_{i,t+1}^{\max} \leqslant R_{p,i} & i = 1,2,\cdots,N_a \\ p_{i,t} - p_{i,t+1} + \Delta \hat{p}_{i,t}^{\max} + \Delta \check{p}_{i,t+1}^{\max} \leqslant R_{n,i} & i = 1,2,\cdots,N_a \end{cases} \tag{5-5}$$

式中，$R_{p,i}$、$R_{n,i}$ 为 AGC 机组 $i$ 在相邻两个时段内的向上、向下的功率调整速率限值。

（4）AGC 机组容量约束。

$$\begin{cases} p_{i,t} - \Delta \check{p}_{i,t}^{\max} \geqslant p_i^{\min} & i = 1,2,\cdots,N_a \\ p_{i,t} + \Delta \hat{p}_{i,t}^{\max} \leqslant p_i^{\max} & i = 1,2,\cdots,N_a \end{cases} \tag{5-6}$$

式中，$p_i^{\max}$、$p_i^{\min}$ 为 AGC 机组 $i$ 的最大、最小技术出力值。

（5）支路潮流约束。

使用发电转移分布因子，对于调度目标时段 $t$，支路潮流约束可表示为

$$\begin{cases} \sum_{i=1}^{N_a} M_{il}(p_{i,t} + \Delta \widetilde{p}_{i,t}) + \sum_{m=1}^{M} M_{ml}(\hat{w}_{m,t} + \Delta \widetilde{w}_{m,t}) \geqslant -T_{n,l} & l = 1,2,\cdots,L \\ \sum_{i=1}^{N_a} M_{il}(p_{i,t} + \Delta \widetilde{p}_{i,t}) + \sum_{m=1}^{M} M_{ml}(\hat{w}_{m,t} + \Delta \widetilde{w}_{m,t}) \leqslant T_{p,l} & l = 1,2,\cdots,L \end{cases} \tag{5-7}$$

式中，$\Delta \widetilde{p}_{i,t}$ 为 AGC 机组 $i$ 在 $t$ 时刻的输出功率调整量；$\Delta \widetilde{w}_{m,t}$ 为节点 $m$ 在 $t$ 时刻注入风电功率的扰动量。考虑到 $\Delta \widetilde{p}_{i,t} = \alpha_{i,t} \sum_{m=1}^{M} \Delta \widetilde{w}_{m,t}$，式（5-7）可进一步转化为

$$\begin{cases} \sum_{m=1}^{M} (M_{ml} + \sum_{i=1}^{N_a} M_{il}\alpha_{i,t}) \Delta \widetilde{w}_{m,t} \geqslant \\ \qquad\qquad - T_{n,l} - \sum_{i=1}^{N_a} M_{il}p_{i,t} - \sum_{m=1}^{M} M_{ml}\hat{w}_{m,t} & l = 1,2,\cdots,L \\ \sum_{m=1}^{M} (M_{ml} + \sum_{i=1}^{N_a} M_{il}\alpha_{i,t}) \Delta \widetilde{w}_{m,t} \leqslant \\ \qquad\qquad T_{p,l} - \sum_{i=1}^{N_a} M_{il}p_{i,t} - \sum_{m=1}^{M} M_{ml}\hat{w}_{m,t} & l = 1,2,\cdots,L \end{cases} \tag{5-8}$$

目标函数式（5-1）和约束条件式（5-2）～式（5-6），式（5-8）构成了所提出的柔性超前调度的有效静态安全域法模型，决策变量是 AGC 机组的运行基点、参与因子以及节点风电功率扰动接纳范围的边界。模型构成了含有不确定变量的非线性优化问题。

### 5.3.3　求解方法

要对 5.3.2 节构建的模型进行有效求解，需要对模型进行必要的处理，这其

中，有四个比较关键的步骤：

（1）目标函数的线性化。此步骤通过对变限积分运算的分段线性化处理，将目标函数中的非线性风电接纳风险 CVaR 指标线性化，以改善模型的计算性能。此步骤可仿照第 4 章 4.4.1 节所述内容进行处理。

（2）约束中不确定变量的处理。此步骤将约束式（5-8）中的不确定量消除，使问题变为计算机可处理的确定性优化问题。这里仍然利用 2.2.2 节所述的 Soyster 方法进行处理。

（3）约束中双线性部分的线性化处理。在约束式（5-3）、式（5-8）中，仍然存在双线性项。为了保证解的质量，这里采用 Big－M 方法来进行模型转化，方法参照第 4.4.2 节内容。

（4）分解算法的应用。如 4.4.2 节所述，在利用 Big－M 法求解双线性问题时，虽然可以得到近似的全局最优解，但在其线性化过程中，引入了多个松弛变量和附加约束，增加了模型的求解难度。尤其是对于本章所研究的多时段调度决策问题而言，本身考虑的约束相比较于单时段调度决策问题就更多，更加加剧了这一矛盾。另一方面，根据电力系统运行经验，在实际运行中，仅有少部分瓶颈线路的安全约束会起作用。因此，在求解本章模型时，引入分解算法来筛选掉无效的线路安全约束，以降低计算压力。引入的分解算法不会改变最终的优化结果，从而保证了优化结果的全局最优性。分解算法通过迭代产生并求解一系列原问题的松弛问题，由于松弛问题中仅包含少量的线路安全约束，因此，松弛问题可利用 Big－M 法相对高效地求解。

分解算法可按照如下步骤实施：

1）忽略所有支路的安全约束，形成原问题的原始松弛问题，并求解得到该原始松弛问题的最优解。

2）利用式（5-9）对所有没有被加入到松弛模型中的支路安全约束进行验证。当且仅当如下公式满足时，支路安全约束通过验证。

$$
\left\{
\begin{aligned}
&\min_{\Delta\widetilde{w}_{m,t}\in\Omega}\sum_{m=1}^{M}\left(M_{ml}+\sum_{i=1}^{N_a}M_{il}\alpha_{i,t}^{*}\right)\Delta\widetilde{w}_{m,t}\geqslant\\
&\qquad -T_l-\sum_{i=1}^{N_a}M_{il}p_{i,t}^{*}-\sum_{m=1}^{M}M_{ml}\hat{w}_{m,t}\quad\forall l,\forall t\\
&\max_{\Delta\widetilde{w}_{m,t}\in\Omega}\sum_{m=1}^{M}\left(M_{ml}+\sum_{i=1}^{N_a}M_{il}\alpha_{i,t}^{*}\right)\Delta\widetilde{w}_{m,t}\leqslant\\
&\qquad T_l-\sum_{i=1}^{N_a}M_{il}p_{i,t}^{*}-\sum_{m=1}^{M}M_{ml}\hat{w}_{m,t}\quad\forall l,\forall t
\end{aligned}
\right.
\tag{5-9}
$$

式中，$\Omega=\left[-\Delta\widetilde{w}_{m,t}^{\max *},\ \Delta\widehat{w}_{m,t}^{\max *}\right]$，为由上次迭代产生松弛问题求解得到的最佳

的节点风电扰动接纳范围。上述验证过程求解的是线性优化问题，因此，验证过程计算效率较高。如果所有支路安全约束均满足上述的验证过程，则算法终止。否则，没有满足上述验证的支路安全约束将被认定为有效约束。

3）将第二步中认定为有效约束的支路安全约束加入到松弛模型，形成新的松弛模型。然后利用 Big-M 法求解新的松弛模型。重复上述三个步骤，直至所有的支路安全约束均通过了验证。分解算法的流程如图 5.2 所示。

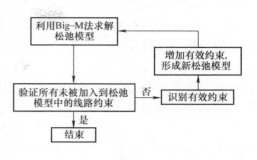

图 5.2　分解算法流程图

## 5.4　算例分析

本节分别对简单 6 节点系统，修改的 IEEE 118 节点系统和实际电网 445 节点系统进行了测试分析，以验证方法的有效性。所有测试都是使用 GAMS 23.8.2 平台调用 CPLEX 12.6 商用求解器实现的，电脑配置为 Intel Core i5 – 3470 3.2 GHz CPU 和 4 GB RAM。

### 5.4.1　算例介绍

本章所采用的 6 节点测试系统结构图与第 4 章算例分析中的 6 节点系统一致，如图 5.3 所示。假定系统中所有机组均为 AGC 机组。

表 5.1 列出了 AGC 机组的参数。对于两个风电场，其装机容量均为 50MW。为描述简单起见，假定风能均服从正态分布。测试系统中的总负荷和风电功率数据按 Eirgrid 电网的实测数据[65]等比例缩减以适应测试系统，如图 5.4 所示。风电扰动的标准差设为实际值的 20%[66]。超前调度的时间分辨率和前瞻时

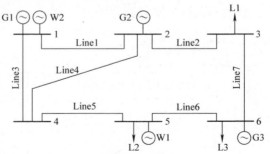

图 5.3　含 2 风电场的 6 节点系统接线图

长分别设置为 15 分钟和 3 小时，分段线性估计中的分段数被设置为 8（后文有对其计算精度的分析）。$\theta^u$ 和 $\theta^l$ 分别设为 300 元/（MW·h）和 3000 元/（MW·h），在实际运行中，价格 $\theta^u$ 和 $\theta^l$ 可以根据历史数据或长期电力合同进行选择。需要注意的是，这些价格的设定与系统运营商的风险态度密切相关，风险规避者倾向于选择较高的价格，从而得到具有较低运行风险和较高运行成本的调度结果；相

反，风险激进者倾向于采用较低的价格，获得的调度结果运行成本较低，但运行风险较高。

**表 5.1　6 节点系统机组参数**

| 机组 | 功率上限/MW | 功率下限/MW | 发电成本/(元/MW·h) | 爬坡速率/(MW/h) | 爬坡速率/(MW/h) | 备用价格/(元/MW·h) |
|---|---|---|---|---|---|---|
| G1 | 250 | 80 | 400 | 24 | 24 | 40 |
| G2 | 185 | 40 | 420 | 15 | 24 | 42 |
| G3 | 130 | 20 | 440 | 13 | 17 | 44 |

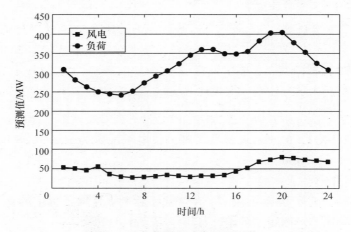

图 5.4　负荷和风功率的预测值

### 5.4.2　调度结果分析

图 5.5 展示了所提出的方法的调度结果，通过观察可以得到以下结论：

（1）配置向上的备用容量比配置向下的备用容量多。原因在于甩负荷现象被认为比弃风现象更严重，这反映出系统运营商应对风险的态度。

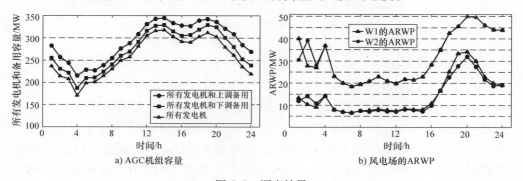

a) AGC机组容量　　　　　　　　b) 风电场的ARWP

图 5.5　调度结果

（2）在某些时段，由于 AGC 机组受功率调节速率约束或传输容量约束限制，系统的 ARWP 小于其他时段。如晚上 8 点风电功率预测值和负荷都达到峰值，这占用了线路的大部分传输容量，因此限制了备用容量的传递。

（3）虽然两个风电场的风电功率分布相似，但风电场 2 的 ARWP 在大多数时段都较大，这是因为风电场 2 更接近发电机组 G1 和 G2，这两台机组的功率调节速率占系统总功率调节速率的 74.5%。因而，与风电场 1 相比，这些机组提供的备用更容易输送到风电场 2。

### 5.4.3  系统参数的影响

#### 1. 支路潮流约束的影响

图 5.6 展示了线路 5 在不同传输容量下系统的风电功率扰动接纳范围之和和运行成本。从图中可以看出，随着线路 5 的传输容量逐渐增加了 30MW，系统总运行成本减少了 9.72%，而系统风电功率扰动接纳范围之和增加了 10.23%。实验结果表明所提出的方法可以有效计及支路潮流约束的影响，同时可以用来指示关键线路的动态扩容，以提高系统的经济性和灵活性。

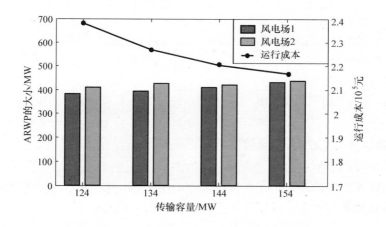

图 5.6  线路 5 在不同传输容量下的测试结果

#### 2. AGC 机组功率调整速率的影响

图 5.7 显示了 G1 具有不同调整速率时系统的风电功率扰动接纳范围之和与运行成本。如图所示，当 G1 的功率调整速率从 15MW/h 变为 30MW/h 时，系统总的运行成本下降了 2.26%，系统风电功率扰动的接纳范围之和增加了 7.62%。这意味着所提出的方法可以量化 AGC 机组的功率调节能力对风电功率扰动接纳范围的影响。同时，结果还表明运营商可以通过适当提高 AGC 机组的灵活性，以提高系统整体的运行经济性和灵活性。

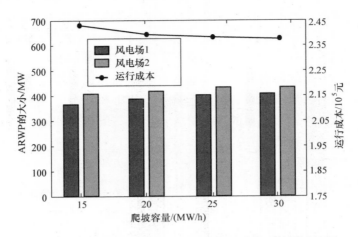

图 5.7　在 AGC 机组 G1 的不同功率调整速率下的测试结果

### 5.4.4　运行经济性和运行风险比较

为了说明将概率信息包含在决策模型中的效果，将本章方法（方法 A1）与第 2 章最大安全域方法（方法 A2）进行比较。方法 A2 在最大化风电扰动接纳范围后，最小化系统的总运行成本。由于风电的概率信息被忽略，因此，在这种方法中不能考虑风电功率接纳的 CVaR。算例仿真在简单 6 节点系统和改进的 IEEE 118 节点系统上进行。

这里，所采用的 IEEE 118 节点测试系统与第 4 章算例分析中的 IEEE 118 节点系统一致。对于测试系统和发电机的参数，可参考第 4 章算例中 IEEE118 节点测试系统，其中，为了体现功率调整速率约束的影响，AGC 机组的功率调整速率修改为 8MW/h。

图 5.8 中展示了在 6 节点系统中，采用不同方法得到的风电功率扰动接纳范围，其对应的测试结果见表 5.2。

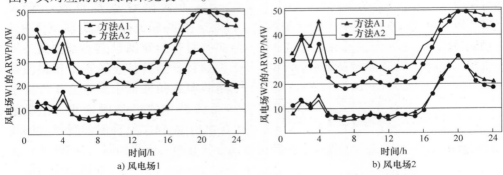

图 5.8　2 个风电场的 ARWP

表5.2 不同方法的测试结果

| 6 - 节点系统 | | | | |
|---|---|---|---|---|
| 方法 | ARWP/MW | 总成本/元 | 调度成本/元 | 风险成本/元 |
| A1 | 794.8 | 238193.5 | 232439.8 | 5753.7 |
| A2 | 1019.3 | 268941.3 | 265037.1 | 3904.2 |
| IEEE 118 - 节点系统 | | | | |
| 方法 | ARWP/MW | 总成本/元 | 调度成本/元 | 风险成本/元 |
| A1 | 1363.3 | 754932.5 | 746717.1 | 8215.4 |
| A2 | 1807.1 | 793208.8 | 787723.2 | 5485.6 |

从测试结果可以看出，方法 A2 倾向于尽可能多地接纳风电扰动，这使得它的风电扰动接纳范围比方法 A1 中的要大得多（如表 5.2 所示，A2 的风电扰动接纳范围 ARWP 在 6 节点系统中比 A1 的要大 28.2%，在 IEEE 118 节点系统中要大 32.4%）。但是，如表 5.2 所示，其总运行成本（包含风险成本）在 6 节点系统中比方法 A1 大 12.9%，在 IEEE 118 节点系统中比 A1 大 5.1%。因而，从经济性角度来看，方法 A1 的调度方法更加合理。这是因为方法 A2 需要更多的灵活性备用，导致了更多的直接备用成本；同时，更多的灵活性备用需求也会迫使 AGC 机组进一步远离其经济运行点，导致方法 A2 得到的发电成本更高。

值得注意的是，方法 A2 尽管风电功率接纳范围较大，但风险成本仍可能更高。如表 5.3 所示，从上午 3 点到上午 4 点，方法 A2 虽然能够产生更大的风电功率接纳范围，但是风险成本更高（6 节点、118 节点系统中分别高 7.7% 和 3.2%）。产生这样的结果主要是因为相关时刻的净负荷发生了很大的变化，而系统总的备用容量不足以应对全部的风电扰动。在这种情况下，优化决策方法必须确定利用灵活性备用应对哪些风电扰动区域。而在方法 A2 中，由于风电的概率信息被忽略，其产生的风电功率扰动接纳范围可能会覆盖一些发生可能性或者运行风险（风险考虑到事件后果）较小的情况，同时会忽略一些发生可能性较大且有严重后果的情况。相反，方法 A1 则可以根据风电波动的概率信息识别具有高预期风险成本的情况，可以更好地分配灵活性备用，从而可以在电力系统灵活性备用不足时，更有效地降低系统的运行风险。

表5.3 不同时段不同方法的风险成本

| 6 - 节点系统 | | | | |
|---|---|---|---|---|
| 风险成本/元 | | | | |
| 时段/h | 1 - 2 | 3 - 4 | 5 - 21 | 22 - 24 |
| A1 | 451.2 | 475.5 | 4112.7 | 714.5 |
| A2 | 374.1 | 512.3 | 2165.4 | 891.4 |

（续）

| | 118 – 节点系统 | | | |
| --- | --- | --- | --- | --- |
| | 风险成本/元 | | | |
| 时段/h | 1 – 2 | 3 – 4 | 5 – 21 | 22 – 24 |
| A1 | 451. 2 | 475. 5 | 4112. 7 | 714. 5 |
| A2 | 374. 1 | 512. 3 | 2165. 4 | 891. 4 |

### 5.4.5 计算性能

为了研究所提出算法的计算性能，采用以下几种方法对模型进行求解，并比较解算效率。同时，还选择了几种非线性通用求解器（包括 BARON，BONMIN，DICOPT，KNITRO 和 SBB），作为计算效率的参考基准。

A1：本章 5.3.3 部分所述解法。

A3：直接通过非线性求解器对非线性问题进行求解。首先，采用目标函数线性化方法和约束的 Soyster 处理方法，将 5.3.1 节中形成的模型转化成含有双线性项的非线性混合整数优化问题，然后直接采用内点法进行求解。

A4：与 A3 相同，将模型转化成含有双线性项的非线性混合整数优化问题，然后采用第 4 章所述的交替迭代启发式方法，求解含有双线性项的非线性混合整数规划问题，即先固定双线性项中的一个决策量，优化另一个决策量，再将优化后的决策量固定在优化值上，优化另一个决策量，迭代直至优化结果收敛。

基准方法：与 A3 和 A4 相同，将模型转化为含有双线性项的非线性混合整数优化模型，然后采用通用的非线性求解器直接求解。

计算性能在 IEEE 118 节点系统和某电网 445 节点系统上进行验证。该 445 节点系统在第 2 章已经进行了介绍，共有 48 台发电机，693 条输电线路和 5 个等效的风力发电场，在线机组总容量为 19618MW，其中，容量在 100MW 至 250MW 之间的 15 台发电机组被作为 AGC 机组。

计算结果见表 5.4。

表 5.4　不同方法的计算性能

| 方法 | 118 – 节点系统 | | 445 – 节点系统 | |
| --- | --- | --- | --- | --- |
| | CPU 时间/s | 总成本/元 | CPU 时间/s | 总成本/元 |
| A1 | 10. 972 | 754932. 5 | 24. 673 | 3056972 |
| A3 | 49. 357 | 757893. 4 | 307. 067 | 3062967 |
| A4 | 26. 457 | 758030. 7 | 46. 089 | 3063244 |
| BARON | 130. 371 | 756380. 6 | 810. 172 | 3059903 |
| BONMIN | 48. 537 | 757893. 2 | 305. 713 | 3062967 |
| DICOPT | 34. 056 | 757968. 9 | 197. 872 | 3063118 |
| KNITRO | 46. 564 | 757891. 4 | 289. 688 | 3062962 |
| SBB | 36. 103 | 757968. 9 | 215. 607 | 3063112 |

相对于方法 A3 和所有非线性求解器，方法 A1 显示出明显更好的计算效率，特别是对于大型电力系统。与方法 A4 相比，方法 A1 在 IEEE 118 节点系统和 445 节点系统上的平均计算效率提高了 113.64%。本章算法具有较高计算效率是因为此方法可以通过使用分段线性化方法和 Big-M 方法将原始非线性模型转换为相对易求解的 MILP 模型。同时通过使用分解方法，排除了无效约束，故可以显著减少引入的整数变量数量和约束数量，进一步减少了计算量。

此外，从表 5.4 所示的计算结果还可以看出，方法 A1 可以获得明显优于其他方法的调度结果。这是因为：①方法 A3 和非线性求解器都试图直接求解一个非线性规划问题，如前文所述，此类求解方法难以获得全局最优解；②方法 A4 是一种启发式方法，它只能保证次优的结果，并且初始点的选择会显著影响计算性能。相反，通过使用分段线性化方法和 Big-M 方法，A1 形成了 MILP 问题，理论上可以获得全局最优解。

此外，为验证分段线性化方法 PLA 分段数量和风电场数量对于求解效率的影响，分别对相应情况作了测试。图 5.9 显示了在 IEEE 118 节点系统中，不同 PLA 分段数下的求解时间和系统运行总成本。

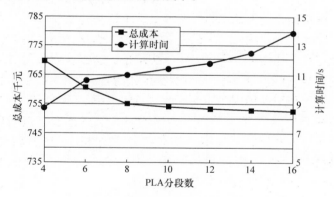

图 5.9　不同 PLA 分段数的计算时间和总成本

从图 5.9 可以看出，随着分段数量的增加，总成本从 769803.5 元单调递减到 752365.4 元，说明随着分段数增加，计算精度是有提高的。同时，也可以观察到，当分段数量从 8 个增加到 16 个时，总成本几乎保持不变，这表明测试系统的计算精度在 8 个分段时已经足够高了。另外从图 5.9 可以看出，随着分段数目的增加，计算时间也会增加，但增长并不是很显著。

图 5.10 利用 445 节点系统，验证了不同风电场数量对于计算效率的影响。从图中可以看出，随着风电场数目的增长，计算时间有所增长，而且增长基本上呈现线性趋势。同时可以看出，即使在 445 节点系统中具有 8 个线性分段的 100 个风力发电场，求解时间也仅为 5 分钟，足以满足在线计算的需求，表明提出的

方法在超前调度方面的应用潜力很大。

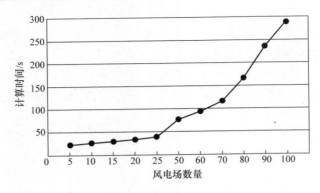

图 5.10　不同风电场数量的计算时间

## 5.5　本章小结

本章在第 4 章实时调度模型的基础上，针对系统多时段间的关联耦合关系，提出了计及风电功率接纳 CVaR 的柔性超前调度的有效静态安全域法，来增加系统运行中的柔性，以应对风力发电在时段间的波动性与不确定性。该方法使用风电功率接纳 CVaR 指标度量风电接纳的风险，通过合理选择有效静态安全域范围，在系统运行风险和运行成本之间进行折中。在所提出的超前调度模型中，通过建立节点风电功率扰动接纳范围和风电功率接纳 CVaR 之间的量化关系，充分考虑了风电的概率分布特征，避免了最大有效静态安全域方法决策结果相对保守的缺点，同时保持了较高的计算效率。测试结果说明了该方法在平衡系统运行成本和运行风险方面的有效性，并验证了该方法在大规模电力系统中的应用潜力。

# 第6章

# 高阶不确定条件下超前调度的
# 有效静态安全域法

## 6.1 引言

第5章给出了一种考虑系统灵活性需求超前调度的有效静态安全域方法，在已知风电功率概率分布函数的基础上，通过利用风电接纳 CVaR 指标评估系统接纳风电的风险，实现系统运行成本与风电接纳风险之间的折中。上述方法成立的前提是风电功率的概率分布精确可知，而在现实中，风电功率概率分布的精确获取却是困难的，通过历史数据规律挖掘获得的概率分布往往存在误差，即存在高阶不确定性问题[67]。高阶不确定性问题的产生至少有如下两方面的原因：①在建立风电功率概率分布预测模型时，由于无法将所有的影响因素都引入模型加以考虑，忽略相对次要因素必然会导致误差；②对于一些特定的天气状况，其历史样本数量有限，可用数据不足以估计得到风电功率的精确概率分布。显然，在这种情况下，第5章中基于风电功率精确概率分布函数的有效静态安全域方法的决策效果将受到影响。

分布鲁棒优化方法近些年被用于解决不确定运行条件下电力系统的优化调度问题。这类方法既不同于鲁棒优化，仅依靠不确定量的区间边界信息进行决策；也不同于随机规划方法，需要依据精确的概率分布信息。而是假定不确定量的真实概率分布存在于某模糊集中，方法需要找到模糊集内最坏概率分布情况下最好的随机决策结果。由此可见，分布鲁棒优化方法既可以改善鲁棒优化由于忽略概率统计信息而导致的保守性，也可以考虑到实际中概率分布信息难以精确获取的现实问题，是一类更加实用化的不确定决策方式。

当前，应用分布鲁棒优化方法解决考虑可再生能源发电概率分布自身不确定性优化调度问题的研究已有不少。如文献［68］针对具有部分风电概率分布信息的备用调度问题，提出了一种分布鲁棒的联合机会约束优化模型，其假设风电功率的概率分布函数是未知的，但均值和方差是可以精确估计得到的。方法运用 S－lemma 和矩阵 Schur 性质将分布鲁棒优化模型转化为等价的确定性双线性矩阵不等式问题进行求解。文献［69］提出了发电、备用和储能协同优化的分布鲁棒机会约束经济调度模型，最小化模糊集中最劣概率分布对应的预期运行成本。文献［70］中对于具有显著可再生能源渗透水平的大型电力系统，提出了一种联合发电和备用的两阶段分布鲁棒优化调度模型，其也是利用已知的期望和方差构造了模糊集。关于分布鲁棒优化方法在电力系统优化调度问题中应用的更多介绍，可以参见本书 1.4 节内容以及文献［67］。

在前述章节内容的基础上，本章提出了一种有限样本条件下数据驱动的计及风电接纳 CVaR 的超前调度有效静态安全域方法。即使在风电功率概率分布存在估计偏差的情况下，该方法也能依据现有统计信息在系统的运行成本和运行风险之间进行折中决策。文中根据有限历史样本数据，基于非精确概率理论，构建了给定置信水平下包含真实风电概率分布的模糊集。然后，通过对模糊集中最劣概率分布的辨识，将原始的分布鲁棒的优化调度问题转化为第 5 章所述的确定性概率分布条件下考虑 CVaR 的超前调度有效静态安全域问题。进而，利用 Big–M 方法和分段线性化方法，将原问题转化为混合整数线性规划问题进行求解。同时，本章还在第 5 章分解求解方法的基础上，推导与应用了一种无效约束的快速预筛选方法，进一步提高了算法的计算效率。通过在 IEEE 118 节点系统及实际 445 节点系统上的仿真，验证了本章方法的有效性和计算效率。

与前几章方法相比，本章方法的优点体现在：

1）基于鲁棒优化的体系结构，提出了应对风电功率概率分布不确定性的超前调度的有效静态安全域法。与第 4 章、第 5 章基于风电接纳风险 CVaR 的有效静态安全域调度方法相比，本章方法不需要精确的风电功率概率分布函数，却仍然可以充分利用现有的统计信息来避免过于保守的决策结果。

2）基于非精确概率理论，给出了一种风电功率概率分布模糊集的构建方法，这种方法可以更加准确、客观地捕捉风电概率分布的不确定性。同时，对于 CVaR 风险评估，方法可以直接识别所建立模糊集中的最劣概率分布函数，并据此显著降低模型的复杂度。

3）继承了有效静态安全域法的一贯特点，所提出的方法在概率分布不确定的条件下，依然可以获得节点风电功率扰动的可接纳范围，并充分利用现有可用信息，在系统运行成本和风电接纳风险之间取得合理均衡。

4）在第 5 章的分段线性化方法、Big–M 法与分解解法的基础上，进一步推导与应用了高效的无效约束预筛选方法，可以显著提高模型的求解效率，使得所提出的方法更加适用于大规模电力系统的应用。

## 6.2　分布不确定条件下的有效静态安全域法

### 6.2.1　模糊集的构造

一般情况下，鲁棒优化问题并不需要精确地知道随机变量所服从的概率分布，而随机优化问题正好相反，在随机规划问题中，不确定变量的概率分布规律被认为是精确已知的。在现实中，由于可用信息的冲突与不足，随机变量的概率分布规律难以精确把握，所能得到的往往是不精确的概率分布信息，从这一角度来讲，随机优化或者鲁棒优化，本质上都是近似的决策方法。介于鲁棒优化与随机优化两种方法之间，分布鲁棒优化是一种可以考虑分布不确定性的不确定性优化方法，通过某些可以获取的统计信息（如一阶矩、二阶矩等），描述随机变量可能的概率分布函数，而所有满足这些已知条件的概率分布函数，构成了所谓的模糊集，用以对不确定量的统计规律进行量化。进而，分布鲁棒优化将做出对分布不确定这种高阶不确定性具有免疫力的决策，即在模糊集中寻找最劣概率分布条件下的最好的随机决策。显然，分布鲁棒优化方法具有对现实决策场景更好的描述能力。

　　模糊集的构造是影响分布鲁棒优化决策效果的关键因素。不同形式的模糊集将使优化模型对应于不同的保守度和计算效率。为将前文所述的有效静态安全域方法进行扩展，使其适用于存在分布不确定性的应用场景，本章基于非精确概率理论的非精确狄利克雷模型（Imprecise Dirichlet Model，IDM），构建由不确定变量所有可能累积分布函数（Cumulative Distribution Function，CDF）所形成的模糊集。这种方法无需预先假设不确定变量的分布类型，具有较好的适用性。

　　根据基本概率理论可知，随机变量 $x$ 在某点 $X$ 的累积概率分布函数值可以定义为 $F_x(X) = P(x \leqslant X)$，其表示了随机事件 $x \leqslant X$ 发生的概率。假设在历史样本集合中，所有样本都是独立且同分布的，并且，$b$ 个样本中有 $a$ 个样本小于或等于给定值 $A$，那么，根据大数定律，当 $b \to \infty$ 时，则 $F_x(A) = a/b$。通过对 $x$ 所有可能的取值重复这个过程，就可以得到关于随机变量 $x$ 的累积概率分布函数，如图 6.1a 所示。然而，在实际中，对于随机变量 $x$，可能只有有限的可用样本，从而使大数定律难以奏效。在这种情况下，不能保证对于随机事件 $x \leqslant X$ 概率估计的精确性，因此，所获得的风电的累积概率分布函数将是不可靠的[71]。为了描述估计得到的累积概率密度函数 CDF 中存在的不确定性，这里将根据已有数据来估计 CDF 的置信带（the Confidence Bands，CBs），以替代精确的 CDF 值，形成模糊集。

　　根据 CDF 的定义，可通过如下两个步骤来估计 CDF 的置信带。

　　步骤一，对于 $x$ 的某个取值，例如 $A$，在指定置信水平下估计事件 $x \leqslant A$ 发生的概率区间。通过该步骤，即可以获得该取值点上 CDF 的上、下界，参见图 6.1a。

　　步骤二，根据每个点的边界构造整个 CDF 的置信带，参见图 6.1b。应当注意的是，由于实际中只有有限样本是可用的，所以只需在样本点上计算事件 $x \leqslant A$ 发生的概率区间即可，然后，可以使用插值的方法来画出整个置信带，获得模糊集。

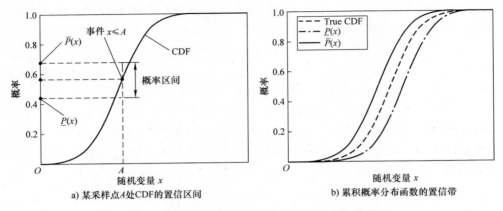

a) 某采样点$A$处CDF的置信区间      b) 累积概率分布函数的置信带

图6.1 随机变量的累积概率分布函数和置信带

在本文中，每个样本点对应事件发生概率的置信区间是根据非精确概率理论来估计得到的。非精确概率理论是经典概率理论的推广，当可用信息不足时，可以描述部分可知的概率信息。在非精确概率理论中，通常以概率区间来量化随机事件发生的不确定性[72]，如随机事件$x \leqslant A$的非精确概率可以用$\widetilde{P}_A = [\underline{P}_A, \overline{P}_A]$来表示，其中$0 \leqslant \underline{P}_A \leqslant \overline{P}_A \leqslant 1$。概率区间的宽度与历史数据的数量和质量密切相关。有效历史数据越多，概率区间越窄，获得的概率越精确。如果有足够多的历史数据，概率区间就会缩小至一点，这时将会得到精确的概率[73]。

在非精确概率理论中，有几种较为成熟的概率区间估计方法[71,74]。本文采用文献［74，75］中的概率区间估计方法，该方法可以估计一定置信水平$\gamma$下的概率区间。根据这一方法，累积概率分布函数在某$A$点置信度为$\gamma$的概率区间可以由下式进行估计：

$$\begin{cases} a_k = 0, b_k = G^{-1}\left(\dfrac{1+\gamma}{2}\right) & n_k = 0 \\ a_k = H^{-1}\left(\dfrac{1+\gamma}{2}\right), b_k = G^{-1}\left(\dfrac{1+\gamma}{2}\right) & 0 < n_k < n \\ a_k = H^{-1}\left(\dfrac{1+\gamma}{2}\right), b_k = 1 & n_k = n \end{cases} \quad (6\text{-}1)$$

式中，$a_k$和$b_k$分别为概率区间的下界和上界；$H$为$\beta$分布$B(n_k, s+n-n_k)$的累积概率分布函数；$G$是$\beta$分布$B(s+n_k, n-n_k)$的累积概率分布函数；$n$为总样本的大小；$n_k$为统计事件发生的次数；$s$为等效样本的大小；在本章中，概率区间的置信水平$\gamma$设为0.95，此时，$S$应设为2[74]。

通过上述方法，即可估计得到每个采样点处累积概率分布函数值的区间。

对于第二步，这里应用简单的阶梯插值来获取整个累积概率分布函数 CDF 的置信带[71]，这种插值方法可以表达为

$$\begin{cases} \underline{P}(x) = \max\{a_k : x_k \leqslant x\} \\ \overline{P}(x) = \min\{b_k : x_k \geqslant x\} \end{cases} \tag{6-2}$$

式中，第一式用以确定模糊集的下边界，取的是所有满足条件 $x_k \leqslant x$ 样本点 $x_k$ 上利用该式算得的最大的 $a_k$；第二式用以确定模糊集的上边界，取的是所有满足条件 $x_k \geqslant x$ 样本点 $x_k$ 上利用该式算得的最小的 $b_k$。图 6.2 给出了阶梯插值方法的示意图。

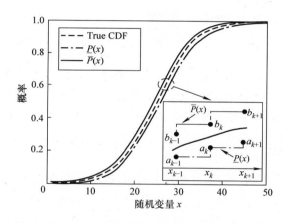

图 6.2　随机变量的累积概率分布函数和置信带

最终，可以得到模糊集的完整表达式为

$$A = \{F_x | F_x(X) \in [\underline{P}(X), \overline{P}(X)]\} \tag{6-3}$$

## 6.2.2　可选的累积概率分布函数模糊集边界估计方法

上述概率区间估计方法所得的置信水平是逐点的，因此，得到的是基于逐点置信水平的累积概率分布函数模糊集的边界，这里用 PW–CI 表示。依此法得到的累积概率分布函数模糊集的边界 PW–CI 能够保证：对于任意给定的取值点 $x$，累积概率分布函数在 $x$ 点的值 $F(x)$，将以给定的置信水平落入到估计得到的边界内。

同时，还存在着另外一种累积概率分布函数模糊集边界的确定方式，即基于整体置信水平的累积概率分布函数模糊集边界的确定方式，这里用 FW–CI 表示。与 PW–CI 不同，FW–CI 能够确保：累积概率分布函数整体以一定置信水平存在于所构建的模糊集内[71]。

这两类累积概率分布函数模糊集的构建方式有着不同的物理意义，在实际应

用中，可根据具体需求选用其中一种。需要注意的是，在同样的置信水平下，依据逐点置信水平构建的模糊集边界 PW – CI 比依据整体置信水平构建的模糊集边界 FW – CI 更窄，这就意味着，基于 FW – CI 模糊集进行决策将会得到更加保守的决策结果。

实际上，6.2.1 节所述的依据逐点置信水平构建模糊集边界的方法也可以稍作改变用来估计依据整体置信水平的模糊集边界。只需要通过映射函数，将逐点置信水平映射到整体置信水平（映射函数可通过大量的模拟仿真实验获得），然后就可以继续根据式（6-1）所示方法进行依据整体置信水平模糊集边界 FW – CI 的估计了。

### 6.2.3 风电功率接纳 CVaR 的数学表达

对于给定的风电接入节点，其风电扰动可接纳范围 ARWP 表示了节点的风电功率接纳能力，在第 5 章中已经给出了 ARWP 的表示方法。在电力系统运行调度中，ARWP 与 AGC 机组的运行基点和参与因子设置密切相关，这两者以及支路功率的传输能力共同决定了系统对于风电功率扰动的响应能力。对于给定的系统，其可以消纳 ARWP 内任何的风电扰动，换言之，ARWP 就是有效的静态安全域，只要风电扰动在此区域内，由于弃风或甩负荷产生的运行风险就不会发生。相反，如果风电扰动超出此区域，将可能产生弃风或者甩负荷现象，造成相应的损失。延续第 4 章、第 5 章所述内容，这些损失本章依旧采用风电接纳的 CVaR 指标来进行量化评估。图 6.3 给出了以累积概率分布函数表示的模糊集即图 6.3b，以及与之边界对应概率密度函数（图 6.3a）。图上标注了 ARWP 及相应的风险部分，图中，$F_a(x)$、$F_b(x)$ 分别表示累积概率分布函数模糊集的下边界与上边界；$P_a(x)$、$P_b(x)$ 分别表示上边界与下边界所对应的概率密度函数。

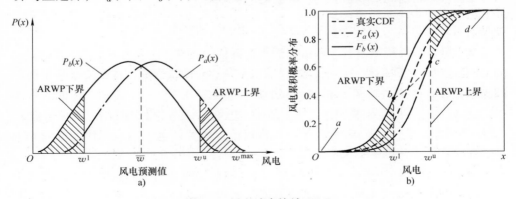

图 6.3 风电功率接纳 CVaR

根据风电功率接纳 CVaR 在第 4 章中的定义，即式（4-2）与式（4-4），考虑到风电功率概率分布的不确定性，可将给定节点上对应于风力发电不足（风电

功率实际值低于预测值）情况下的风电功率接纳风险 CVaR 指标表示为

$$\phi(w_{m,t}^{\mathrm{l}}) = \max_{p \in A} E_p\left[(w_{m,t}^{\mathrm{l}} - x) \mid 0 \leqslant w_{m,t}^{\mathrm{l}} - x \leqslant w_{m,t}^{\mathrm{l}}\right]$$

$$= \max_{p \in A} \int_{0 \leqslant w_{m,t}^{\mathrm{l}} - x \leqslant w_{m,t}^{\mathrm{l}}} (w_{m,t}^{\mathrm{l}} - x) P(x)\,\mathrm{d}x \tag{6-4}$$

式中，$P$ 表示风电的概率分布，其隶属于预先通过历史数据估计得到的模糊集 $A$。

可以看出，由于事先并不知道概率分布的精确信息，此时的风电功率接纳风险 CVaR 指标为模糊集中所有可能概率分布函数所对应的最大的期望损失。

同时，根据分部积分法，式（6-4）可以进一步转化为

$$\phi(w_{m,t}^{\mathrm{l}}) = \max_{p \in A}\left\{(w_{m,t}^{\mathrm{l}} - x) F(x) \mid_0^{w_{m,t}^{\mathrm{l}}} + \int_0^{w_{m,t}^{\mathrm{l}}} F(x)\,\mathrm{d}x\right\}$$

$$= \max_{p \in A} \int_0^{w_{m,t}^{\mathrm{l}}} F(x)\,\mathrm{d}x \tag{6-5}$$

式中，$F(x)$ 为变量 $x$ 的累积概率分布函数。

结合图 6.3b 可以看出，积分项 $\int_0^{w_{m,t}^{\mathrm{l}}} F(x)\,\mathrm{d}x$ 的值等于 $F(x)$ 与横坐标轴之间区域在区间 $[0, w^{\mathrm{l}}]$ 上的面积。显然，对于模糊集中任一 $F(x)$，当 $F(x) = F_b(x)$ 时，上述区域的面积达到最大，为图中区域 $a - b - w^{\mathrm{l}} - a$ 的面积。换句话说，对于 $\phi(w_{m,t}^{\mathrm{l}})$，模糊集（6-3）中最坏的情况即是累积概率分布函数 $F_b(x)$。因此，式（6-5）可以简化为

$$\phi(w_{m,t}^{\mathrm{l}}) = \int_0^{w_{m,t}^{\mathrm{l}}} F_b(x)\,\mathrm{d}x \tag{6-6}$$

式（6-6）十分重要，其在概率分布不确定的情况下，建立了扰动接纳下边界 $w_{m,t}^{\mathrm{l}}$ 和发电不足期望风险 $\phi(w_{m,t}^{\mathrm{l}})$ 之间确定性的对应关系。而这一对应关系，就是通过对模糊集中最坏概率分布的直接识别实现的。

类似地，对于发生弃风（风电功率实际值高于预测值）情况下风电功率接纳的 CVaR 指标，即 $\phi(w_{m,t}^{\mathrm{u}})$，模糊集中最坏的情况为累积概率分布函数 $F_a(x)$，即为模糊集合的下边界。因此，对应的有

$$\phi(w_{m,t}^{\mathrm{u}}) = \int_{w_{m,t}^{\mathrm{u}}}^{w^{\max}} F_a(x)\,\mathrm{d}x \tag{6-7}$$

因此，对于给定的节点，在概率分布不确定的情况下，其风电功率接纳的最大 CVaR 就可以依据式（6-6）和式（6-7）进行计算，即 $\phi(w_{m,t}^{\mathrm{l}}) + \phi(w_{m,t}^{\mathrm{u}})$。

与前两章相似，利用分段线性化方法，可以将 $\phi(w_{m,t}^{\mathrm{u}})$、$\phi(w_{m,t}^{\mathrm{l}})$ 分别线性化近似表达为

$$\phi(w_{m,t}^{\mathrm{u}}) = \sum_{s'=1}^{S^{\mathrm{u}}-1} (a_{m,t,s'}^{\mathrm{u}} x_{m,t,s'}^{\mathrm{u}} + b_{m,t,s'}^{\mathrm{u}} U_{m,t,s'}^{\mathrm{u}}) \tag{6-8}$$

$$\begin{cases} x^{\mathrm{u}}_{m,t} = \sum_{s'=1}^{S^{\mathrm{u}}-1} x^{\mathrm{u}}_{m,t,s'} & \forall m, \forall t \\[2mm] \sum_{s'=1}^{S^{\mathrm{u}}-1} U^{\mathrm{u}}_{m,t,s'} = 1 & \forall m, \forall t \\[2mm] o^{\mathrm{u}}_{m,t,s'} U^{\mathrm{u}}_{m,t,s'} \leqslant x^{\mathrm{u}}_{m,t,s'} \leqslant o^{\mathrm{u}}_{m,t,s'+1} U^{\mathrm{u}}_{m,t,s'} & \forall m, \forall s' \end{cases} \tag{6-9}$$

$$\phi(w^{\mathrm{l}}_{m,t}) = \sum_{s'=1}^{S^{\mathrm{l}}-1} (a^{\mathrm{l}}_{m,t,s'} x^{\mathrm{l}}_{m,t,s'} + b^{\mathrm{l}}_{m,t,s'} U^{\mathrm{l}}_{m,t,s'}) \tag{6-10}$$

$$\begin{cases} x^{\mathrm{l}}_{m,t} = \sum_{s'=1}^{S^{\mathrm{l}}-1} x^{\mathrm{l}}_{m,t,s'} & \forall m, \forall t \\[2mm] \sum_{s'=1}^{S^{\mathrm{l}}-1} U^{\mathrm{l}}_{m,t,s'} = 1 & \forall m, \forall t \\[2mm] o^{\mathrm{l}}_{m,t,s'} U^{\mathrm{l}}_{m,t,s'} \leqslant x^{\mathrm{l}}_{m,t,s'} \leqslant o^{\mathrm{l}}_{m,t,s'+1} U^{\mathrm{l}}_{m,t,s'} & \forall m, \forall s' \end{cases} \tag{6-11}$$

式中，$s'$ 是分段序号；$S^{\mathrm{u}}-1$ 和 $S^{\mathrm{l}}-1$ 分别为 $s'$ 对于 $\phi(w^{\mathrm{u}}_{m,t})$ 和 $\phi(w^{\mathrm{l}}_{m,t})$ 的最大值；$a^{\mathrm{u}}_{m,t,s'}$，$b^{\mathrm{u}}_{m,t,s'}$，$a^{\mathrm{l}}_{m,t,s'}$ 和 $b^{\mathrm{l}}_{m,t,s'}$ 是常数系数。

其中，式（6-8）和式（6-9）是 $\phi(w^{\mathrm{u}}_{m,t})$ 的线性化近似表达，依据的是累积概率分布函数 $F_a(x)$；式（6-10）和式（6-11）是 $\phi(w^{\mathrm{l}}_{m,t})$ 的线性化近似表达，依据的是累积概率分布函数 $F_b(x)$。

由于第 4 章 4.4.1 节中已经对分段线性化方法进行了详细描述，这里不再赘述。

需要注意的是，在式（6-8）～式（6-11）中，需要用到分段点处的概率值，这里依据 CDF，采用中心差分方法来进行求取。例如，考虑分段点 $o_k$ 及其相邻的两个采样点 $\{x_k, x_{k+1}\}$，满足 $x_k \leqslant o_k \leqslant x_{k+1}$，则 $o_k$ 处的概率值可由下式估计得到

$$P(o_k) = \frac{F(x_{k+1}) - F(x_k)}{x_{k+1} - x_k} \tag{6-12}$$

式中，$F(x_k)$ 是 $x_k$ 处的累积概率分布函数值；$P(o_k)$ 是 $o_k$ 处的概率值。

通过对所有分段点重复这个过程，可以得到风电功率接纳 CVaR 计算时所需的所有分段点处的概率值。

此外，本章构建的依据逐点置信水平得到的累积概率分布函数模糊集边界 PW – CI 具有明确的物理意义。例如，对于给定的风电功率扰动接纳区间边界 $w^{\mathrm{l}}_{m,t}$ 和 $w^{\mathrm{u}}_{m,t}$，若采用 95% 置信度的 PW – CI，则能够保证真实的 CVaR 以 95% 的概率落在依据模糊集边界 $F_a(x)$、$F_b(x)$ 计算得到的 CVaR 区间内。与之相对

应，若依据整体置信水平 FW – CI 来确定模糊集，则计算得到的 CVaR 区间覆盖真实 CVaR 的概率将大于设定的 95% 。可见，使用 FW – CI 得到的决策结果将更加保守，因为其所估计出来的最差情况下的 CVaR 要更大一些。由于 PW – CI 与风电功率接纳 CVaR 指标的相关性更强，本章采用这种累积概率分布函数边界估计方法来构造模糊集。

### 6.2.4　优化模型

与前述章节相同，调度的目标仍然设为最小化系统的运行总成本，包括发电成本、备用成本和风险成本。同样，仍假设所有可调度机组都为 AGC 机组，以简化符号表达。在优化过程中，将考虑运行基点的功率平衡约束、AGC 机组的备用容量约束、时段间功率调节速率约束、机组容量约束以及支路潮流约束等。整体模型可如下表示：

$$
\begin{cases}
Z = \min \sum_{t=1}^{T} \sum_{i=1}^{N_a} \left( c_{i,t} p_{i,t} + \widehat{c_{it}} \Delta \widehat{p}_{i,t}^{\max} + \widecheck{c}_{it} \Delta \widecheck{p}_{i,t}^{\max} \right) + \\
\sum_{t=1}^{T} \sum_{m=1}^{M} \left[ \theta^{u} \phi \left( w_{m,t}^{u} \right) + \theta^{l} \phi \left( w_{m,t}^{l} \right) \right]
\end{cases}
\tag{6-13}
$$

$$
\text{s. t.}\quad 式(6\text{-}8) \sim 式(6\text{-}11)
$$

$$
\sum_{i=1}^{N_a} p_{i,t} + \sum_{m=1}^{M} \overline{w}_{m,t} = D_t \qquad \forall t \tag{6-14}
$$

$$
\Delta \widehat{p}_{i,t}^{\max} \geqslant \alpha_{i,t} \sum_{m=1}^{M} \left( \widehat{w}_{m,t} - w_{m,t}^{l} \right) \quad \forall i, \forall t \tag{6-15}
$$

$$
\Delta \widecheck{p}_{i,t}^{\max} \geqslant \alpha_{i,t} \sum_{m=1}^{M} \left( x_{m,t}^{u} - \widehat{w}_{m,t} \right) \quad \forall i, \forall t \tag{6-16}
$$

$$
\sum_{i=1}^{N_a} \alpha_{i,t} = 1 \quad \forall t \tag{6-17}
$$

$$
p_{i,t+1} - p_{i,t} + \Delta \widecheck{p}_{i,t}^{\max} + \Delta \widehat{p}_{i,t+1}^{\max} \leqslant R_{p,i} \quad \forall i, \forall t \tag{6-18}
$$

$$
p_{i,t} - p_{i,t+1} + \Delta \widehat{p}_{i,t}^{\max} + \Delta \widecheck{p}_{i,t+1}^{\max} \leqslant R_{n,i} \quad \forall i, \forall t \tag{6-19}
$$

$$
p_{i,t} - \Delta \widecheck{p}_{i,t}^{\max} \geqslant p_i^{\min} \quad \forall i, \forall t \tag{6-20}
$$

$$
p_{i,t} + \Delta \widehat{p}_{i,t}^{\max} \leqslant p_i^{\max} \quad \forall i, \forall t \tag{6-21}
$$

$$
\sum_{m=1}^{M} \left( M_{ml} + \sum_{i=1}^{N_a} M_{il} \alpha_{i,t} \right) \Delta \widetilde{w}_{m,t} \geqslant - T_l - \sum_{i=1}^{N_a} M_{il} p_{i,t} - \sum_{m=1}^{M} M_{ml} \widehat{w}_{m,t} \quad \forall l, \forall t \tag{6-22}
$$

$$
\sum_{m=1}^{M} \left( M_{ml} + \sum_{i=1}^{N_a} M_{il} \alpha_{i,t} \right) \Delta \widetilde{w}_{m,t} \leqslant T_l - \sum_{i=1}^{N_a} M_{il} p_{i,t} - \sum_{m=1}^{M} M_{ml} \widehat{w}_{m,t} \quad \forall l, \forall t \tag{6-23}
$$

式中，随机变量 $\Delta\widetilde{p}_{i,t}$ 和 $\Delta\widetilde{w}_{m,t}$ 分别表示 AGC 机组 $i$ 释放的备用容量和风电场 $m$ 发电的扰动量。

在上述模型中，目标函数式（6-13）被用来在运行成本和风险之间取得均衡，其中前三项分别表示发电成本和双向备用成本，后两项表示风电功率接纳的风险成本。式（6-14）描述了运行基点处的功率平衡约束；式（6-15）和式（6-16）是每个 AGC 机组的备用容量需求约束，其由系统受到的干扰和机组的参与因子所共同决定；式（6-17）表示所有 AGC 机组参与因子之间的关系；式（6-18）和式（6-19）是 AGC 机组的爬坡速率约束，确保即使在最坏的情况下也有足够的响应能力应对时段间的功率变动；式（6-20）和式（6-21）是 AGC 机组的发电容量约束；式（6-22）和式（6-23）是利用发电注入转移分布因子和仿射关系 $\Delta\widetilde{p}_{i,t} = \alpha_{i,t} \sum_{m=1}^{M} \Delta\widetilde{w}_{m,t}$ 构造的支路传输功率约束。

在式（6-8）～式（6-23）中，$p_{i,t}$、$\alpha_{i,t}$、$w_{m,t}^{l}$ 和 $w_{m,t}^{u}$ 为决策变量，模型构成了含有不确定量的非线性优化问题。可以看出，依据 6.2.1 ～ 6.2.3 的分析和推导，所得优化模型与第 5 章的模型有很大的相似度，这里唯一不同的是，在 CVaR 指标的评估部分，采用的不是某一条确定的累积概率分布函数 CDF 曲线或者概率密度函数 PDF 曲线，而是采用了模糊集边界对应的两段 CDF 曲线，从而将概率分布的不确定性考虑到了模型中，并得到模糊集中最差分布情况下的最佳决策。

### 6.2.5 求解算法

由于本章建立的优化模型从结构上讲与第 5 章中的优化模型有着较高的相似度。因此，仍可采用第 5 章基于分段线性化方法、Big－M 法和分解方法的求解算法进行求解。然而，在分解方法的每次迭代中，所有未被添加到松弛模型中的支路传输功率约束都必须通过求解一系列的线性规划问题来检查，这可能会增加求解的计算量，特别是对于大规模电力系统而言，此矛盾将会更为突出。为了克服这个缺点，在应用分解算法之前，这里借鉴应用于确定性机组组合问题的支路传输功率约束的预筛选方法[76]，发展出一种适用于本章模型求解的支路传输功率约束的预筛选方法，来提前消除式（6-22）和式（6-23）中大部分的无效约束，提高算法的执行效率。

考虑以下求取支路传输功率最大值的优化问题，并将该问题标记为 ICF 问题

$$T_{i,t}^{\max}(\widetilde{w}_{m,t}) = \max_{\widetilde{p}_{i,t}} \sum_{m=1}^{M} M_{ml}\widetilde{w}_{m,t} + \sum_{i=1}^{N_a} M_{il}\widetilde{p}_{i,t} \qquad (6\text{-}24)$$

$$\text{s. t.} \sum_{i=1}^{N_a} \widetilde{p}_{i,t} = D_t - \sum_{m=1}^{M} \widetilde{w}_{m,t}, \forall t \qquad (6\text{-}25)$$

$$0 \leqslant \widetilde{p}_{i,t} \leqslant p_i^{\max} \quad \forall i, \forall t \qquad (6\text{-}26)$$

式中，$\widetilde{w}_{m,t}$ 为风电功率值；$\widetilde{p}_{i,t}$ 为常规机组对应的发电功率。

在上述 ICF 优化问题中，决策变量为 $\widetilde{p}_{i,t}$，而 $\widetilde{w}_{m,t}$ 被当作已知参数，求解得到的最优解以及最优目标函数值将被表示为参数 $\widetilde{w}_{m,t}$ 的函数。

约束式（6-25）为功率平衡约束，由原问题约束式（6-14）～式（6-16）松弛得到；约束式（6-26）是发电机容量约束，由原问题约束式（6-18）～式（6-21）松弛获得。显然，上述 ICF 松弛问题的可行域包含了原问题的可行域。从而，上述 ICF 最大化问题的目标函数（6-24）的最优值将是原优化问题中对应支路传输功率的上界。

同时，根据文献［76］的分析，ICF 的最优解可以直接获得而不必求解优化问题。对于序列 $i_1, \cdots, i_e, \cdots, i_{N_a}$，满足 $M_{i_1 l} \geqslant \cdots \geqslant M_{i_e l} \geqslant \cdots \geqslant M_{i_{N_a} l}$，可根据此序列，对目标函数式（6-24）右边第二项进行重新排列，得到

$$T_{i,t}^{\max}(\widetilde{w}_{m,t}) = \max_{\widetilde{p}_{i,t}} \sum_{m=1}^{M} M_{ml} \widetilde{w}_{m,t} + \sum_{e=1}^{N_a} M_{i_e l} \widetilde{p}_{i_e,t} \tag{6-27}$$

这时，若存在整数 $k$（$1 \leqslant k \leqslant N$），满足 $\sum_{e=1}^{k-1} p_{i_e}^{\max} \leqslant D_t - \sum_{m=1}^{M} \widetilde{w}_{m,t} \leqslant \sum_{e=1}^{k} p_{i_e}^{\max}$，则

$$T_{l,t}^{\max}(\widetilde{w}_{m,t}) = \sum_{e=1}^{k-1} (M_{i_e l} - M_{i_k l}) p_{i_e}^{\max} + \sum_{m=1}^{M} (M_{ml} - M_{i_k l}) \widetilde{w}_{m,t} \tag{6-28}$$

证明如下：

若存在整数 $k$（$1 \leqslant k \leqslant N_a$），满足 $\sum_{e=1}^{k-1} p_{i_e}^{\max} \leqslant D_t - \sum_{m=1}^{M} \widetilde{w}_{m,t} \leqslant \sum_{e=1}^{k} p_{i_e}^{\max}$，则显然

$$0 \leqslant \widetilde{p}_{i_k,t}^* = D_t - \sum_{m=1}^{M} \widetilde{w}_{m,t} - \sum_{e=1}^{k-1} p_{i_e}^{\max} \leqslant p_{i_k}^{\max} \tag{6-29}$$

令：

$$\begin{cases} \widetilde{p}_{i_e,t}^* = p_{i_e}^{\max} & e \leqslant k-1 \\ \widetilde{p}_{i_e,t}^* = D_t - \sum_{m=1}^{M} \widetilde{w}_{m,t} - \sum_{e=1}^{k-1} p_{i_e}^{\max} & e = k \\ \widetilde{p}_{i_e,t}^* = 0 & e > k \end{cases} \tag{6-30}$$

则根据式（6-30），可得

$$\begin{cases} \sum_{e=1}^{N_a} \widetilde{p}_{i_e,t}^* = D_t - \sum_{m=1}^{M} \widetilde{w}_{m,t} \\ 0 \leqslant \widetilde{p}_{i_e,t}^* \leqslant p_{i_e}^{\max} \quad \forall e \end{cases} \tag{6-31}$$

对比式（6-25）、式（6-26）与式（6-31）可知，式（6-30）定义的 $\widetilde{p}_{i_e,t}^{\,*}$ 是 ICF 优化问题的一个可行解。

接下来，证明 $\widetilde{p}_{i_e,t}^{\,*}$ 同时也是 ICF 优化问题的最优解。考虑 ICF 优化问题的对偶问题

$$\min_{\lambda} L(\lambda) \tag{6-32}$$

式中，

$$L(\lambda) = \max_{\widetilde{p}_{i,t}} \sum_{m=1}^{M} M_{ml}\widetilde{w}_{m,t} + \sum_{i=1}^{N_a} M_{il}\widetilde{p}_{i,t} + \lambda\left(D_t - \sum_{m=1}^{M}\widetilde{w}_{m,t} - \sum_{i=1}^{N_a}\widetilde{p}_{i,t}\right)$$

$$\tag{6-33}$$

$$\text{s. t.} \quad 0 \leqslant \widetilde{p}_{i,t} \leqslant p_i^{\max} \tag{6-34}$$

式（6-33）可以通过重新组合转化为

$$L(\lambda) = \max_{\widetilde{p}_{i,t}} \sum_{m=1}^{M} M_{ml}\widetilde{w}_{m,t} + \sum_{i=1}^{N_a} (M_{il} - \lambda)\widetilde{p}_{i,t} + \lambda\left(D_t - \sum_{m=1}^{M}\widetilde{w}_{m,t}\right) \tag{6-35}$$

将式（6-35）第二项按照 $M_{i_1l} \geqslant \cdots \geqslant M_{i_el} \geqslant \cdots \geqslant M_{i_{N_a}l}$ 进行排列，可以得到：

$$L(\lambda) = \max_{\widetilde{p}_{i,t}} \sum_{m=1}^{M} M_{ml}\widetilde{w}_{m,t} + \sum_{e=1}^{N_a} (M_{i_el} - \lambda)\widetilde{p}_{i_e,t} + \lambda\left(D_t - \sum_{m=1}^{M}\widetilde{w}_{m,t}\right) \tag{6-36}$$

将原问题可行解 $\widetilde{p}_{i_e,t}^{\,*}$ 代入式（6-36），并考虑式（6-31）所示的关系：$\sum\limits_{e=1}^{N_a}\widetilde{p}_{i_e,t}^{\,*} = D_t - \sum\limits_{m=1}^{M}\widetilde{w}_{m,t}$，式（6-35）可以进一步转化为

$$L(\lambda) = \max_{\widetilde{p}_{i,t}} \sum_{m=1}^{M} M_{ml}\widetilde{w}_{m,t} + \sum_{e=1}^{N_a} M_{i_el}\widetilde{p}_{i_e,t}^{\,*} \tag{6-37}$$

从式（6-32）、式（6-37）可以发现，对偶问题在 $\widetilde{p}_{i_e,t}^{\,*}$ 最优解对应的目标函数值为

$$\min_{\lambda} L(\lambda) = \max_{\widetilde{p}_{i,t}} \sum_{m=1}^{M} M_{ml}\widetilde{w}_{m,t} + \sum_{e=1}^{N_a} M_{i_el}\widetilde{p}_{i_e,t}^{\,*} \tag{6-38}$$

而把可行解 $\widetilde{p}_{i_e,t}^{\,*}$ 代入式（6-27），得原问题在此可行解下的目标函数值为

$$T_{i,t}^{\max}(\widetilde{w}_{m,t}) = \max_{\widetilde{p}_{i,t}} \sum_{m=1}^{M} M_{ml}\widetilde{w}_{m,t} + \sum_{e=1}^{N_a} M_{i_el}\widetilde{p}_{i_e,t}^{\,*} \tag{6-39}$$

原问题与对偶问题的目标函数值相同，$\widetilde{p}_{i_e,t}^{\,*}$ 可得证明为原问题的最优解。

将式（6-30）最优解 $\widetilde{p}_{i_e,t}^{\,*}$ 带入 ICF 问题的目标函数（6-27）中，即可得规律（6-28）。

类似地，可建立支路传输功率最小值的优化问题，其最优解将是原优化问题中对应支路传输功率的下界，并且，其最优解亦可直接获得

$$T_{l,t}^{\min}(\widetilde{w}_{m,t}) = \sum_{e=1}^{k-1}(M_{i,l} - M_{i_kl})p_{i_e}^{\max} + \sum_{m=1}^{M}(M_{ml} - M_{i_kl})\widetilde{w}_{m,t} \qquad (6-40)$$

证明过程与求取支路传输功率最大值的证明过程类似，这里不再赘述。

根据上述结论，在式（6-22）和式（6-23）中的大多数无效传输约束可以通过使用以下方法快速识别：

对于任何 $l \in L$ 和 $t \in T$，均有：

1）如果 $\min\limits_{\widetilde{w}_{m,t}} T_{l,t}^{\min} \ge -T_l$，则传输约束（6-22）是无效的。

2）如果 $\max\limits_{\widetilde{w}_{m,t}} T_{l,t}^{\max} \le T_l$，则传输约束（6-23）是无效的。

上述判据的实施过程中，需要对 $\widetilde{w}_{m,t}$ 求最大、最小值，此过程直接根据 $\widetilde{w}_{m,t}$ 系数的正负号选取风电功率的相应边界值即可完成。使用上述无效约束筛选方法，可以显著提高模型的求解速度。需要说明的是，此无效约束筛选方法的效果与风电的扰动范围紧密相关，扰动范围越大，上述方法越保守；反之，越能筛选出更多的无效传输约束。

# 6.3　算例分析

在算例分析部分，通过对改进 IEEE 118 节点系统和实际 445 节点系统的测试，证明方法的有效性。所有测试都是使用 GAMS 23.8.2 平台调用 CPLEX12.6 商用求解器完成的，电脑配置为 Intel Core i5 – 3470 3.2GHz CPU 和 8GB RAM。算例部分除非另有规定，置信水平 $\gamma$ 均设为 0.95，每个风电场装机容量设置为 50MW，弃风惩罚价格为 300 元/（MW·h），切负荷损失为 3000 元/（MW·h）。

## 6.3.1　算例介绍

此处所采用的 IEEE 118 节点测试系统与第 4 章、第 5 章算例分析中的 IEEE 118 节点系统一致。测试系统中的风电功率和总负荷数据与第 5 章 IEEE 118 节点测试系统中的数据相同，如图 6.4 所示。所有的不确定性都来源于风电功率预测误差。为了检验方便，假设风电功率预测误差服从正态分布，以此来生成风电功率预测误差数据。风电功率误差的标准差设定为实际值的 20%，前瞻尺度和分辨率分别为 24 小时和 15 分钟。

## 6.3.2　与获知真实概率分布决策模型的对比

为了说明在优化中考虑风电功率概率分布不确定性带来的影响，将本章模型与第 5 章模型进行比较，并假设第 5 章模型决策时，真实的风电功率预测误差概率分布已经精确获知，所得测试结果见表 6.1。表中，RED – PT 代表第 5 章中的

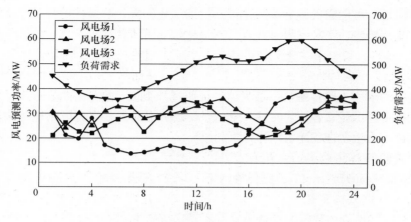

图 6.4 负荷和风力的期望值

决策模型，DRED（$n$）代表本章模型，$n$ 表示有效样本数。测试中，样本取自假设的风电功率误差正态概率分布模型。

表 6.1 不同方法的测试结果

| | 风电功率接纳范围大小/MW | 总成本/元 | 风险成本/元 |
|---|---|---|---|
| DRED（500） | 1616.9 | 759558 | 7101 |
| DRED（1000） | 1557.1 | 758826 | 7702 |
| DRED（5000） | 1498.3 | 757561 | 8070 |
| DRED（$10^4$） | 1451.6 | 757162 | 8526 |
| DRED（$10^5$） | 1419.4 | 756589 | 8880 |
| RED – PT | 1386.7 | 756307 | 9249 |

　　从表 6.1 可以看出，与 RED – PT 模型相比，无论样本集大小如何，DRED 模型的运行成本总是比较高的。但是，与之相对应，DRED 模型的风电功率扰动接纳范围总是大于 RED – PT 模型的风电功率扰动接纳范围，伴随着前者的预期风险成本也总是低于后者。出现该结果是因为在 DRED 模型中考虑了风电功率误差概率分布的不确定性，其在模糊集中最劣概率分布情况下寻找最优的调度结果。相比之下，RED – PT 模型依据风力发电预测误差真实的概率分布进行决策，由于去掉了概率分布的不确定性，所以所得结果的经济性更好。然而，需要指出的是，在实际中，很难准确估计得到风电功率预测误差的真实概率分布。

　　同时，我们也观察到，随着样本数量的增加，两种方法计算结果的差距逐渐减小，如果有足够多的历史数据可用，两者的差距最终将会消失。这表明，更多的历史数据，会降低 DRED 方法计算结果的保守性。换句话说，在 DRED 方法中，可以结合更多的历史数据来降低所得优化结果的保守性。

实际上，风电 CDF 边界宽度代表了可以从样本中提取的可用信息的多少。当只有很少的历史数据可用时，为了保证需要的置信水平，CDF 的边界宽度相对较大，这样，集合中的最劣分布就与真实分布相差较多。在这种情况下，为了保证调度结果的鲁棒性，需要配置更多的备用，从而增加系统运行的总成本。相反，当有足够多的历史数据，CDF 的边界将缩小到真正 CDF 的附近，因此，模糊集中的最劣分布将十分接近真实分布。在这种情况下，应对风电扰动的备用就可以减少，系统总的运行成本将会降低。

### 6.3.3　不同模糊集边界构建方法的比较

如 6.2.2 节所述，模糊集边界的构造有两种方法：1）依据逐点置信度进行构建；2）依据整体置信度进行构建。为了比较这两种方法，将置信度均设为 0.95，并在 118 节点系统上进行仿真测试，测试结果如表 6.2 和图 6.5 所示。

表 6.2　不同方法下的测试结果

| | 样本数量 | ARWP/MW | 总成本/元 | 风险成本/元 |
| --- | --- | --- | --- | --- |
| PW – CI | 1000 | 1557.1 | 758826 | 7702 |
| | 5000 | 1498.3 | 757561 | 8070 |
| | $10^4$ | 1451.6 | 757162 | 8526 |
| | $10^5$ | 1419.4 | 756589 | 8880 |
| FW – CI | 1000 | 1635.2 | 760263 | 6795 |
| | 5000 | 1548.3 | 758350 | 7698 |
| | $10^4$ | 1516.5 | 757841 | 7921 |
| | $10^5$ | 1440.2 | 756894 | 8662 |

从表 6.2 结果可以看出，无论采用 PW – CI 或是 FW – CI 方法获得模糊集，随着样本数量的增加，对应优化结果的经济性都将会变好，并且，逐步逼近由 RED – PT 模型获得的优化结果。这是因为当历史数据增多时，PW – CI、FW – CI 方法得到的模糊集都将收缩，它们所建立的模糊集中的最劣分布都逐步逼近真实分布，如图 6.5 所示。另一方面，图 6.5 同时还表明，在相同的样本数量下，由 FW – CI 方法对应的模糊集通常比由 PW – CI 方法得到的模糊集更宽一些。这说明依据 FW – CI 得到的模糊集进行决策，所得结果相对更加保守。

### 6.3.4　计算性能

为了分析本章算法的计算性能，对以下两种算法进行了比较：

BMD：第 5 章算法，其基于分段线性化方法、Big – M 方法和分解求解方法。

BMD – F：首先采用 6.2.5 节的快速筛选方法排除不起作用的支路输电功率约束，然后，运用第 5 章中的算法进行求解。

两种算法的计算性能在 IEEE 118 节点系统和真实 445 节点系统上进行验证。

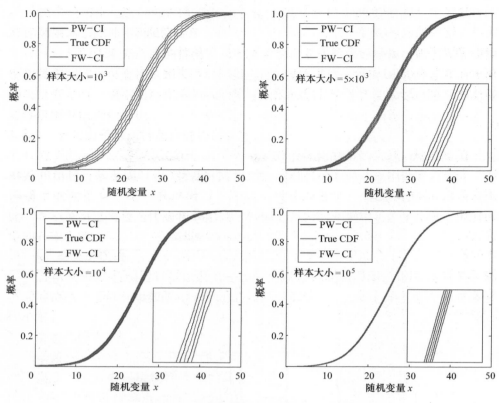

图 6.5 不同样本大小下的置信区间

这里，所采用的 445 节点测试系统结构和参数数据与第 4 章、第 5 章算例分析中的 445 节点系统一致。测试结果见表 6.3。

表 6.3 不同方法下的计算表现

| 方法 | IEEE 118 节点系统 | | 445 节点系统 | |
| --- | --- | --- | --- | --- |
| | CPU 时间/s | 总成本/元 | CPU 时间/s | 总成本/元 |
| BMD（1000） | 12.364 | 758826 | 28.718 | 3066759 |
| BMD（5000） | 13.152 | 757561 | 29.943 | 3063078 |
| BMD（$10^4$） | 12.873 | 757162 | 28.429 | 3061948 |
| BMD（$10^5$） | 12.581 | 756589 | 29.162 | 3060326 |
| BMD－F（1000） | 9.857 | 758826 | 20.786 | 3066759 |
| BMD－F（5000） | 10.623 | 757561 | 21.839 | 3063078 |
| BMD－F（$10^4$） | 10.291 | 757162 | 22.014 | 3061948 |
| BMD－F（$10^5$） | 9.913 | 756589 | 21.459 | 3060326 |

从表中结果可以看出，随着样本数量的增加，两种算法的计算时间变化都不明显，这表明这两种算法的计算效率均与历史数据量的大小无关。同时，与 BMD 算法相比，BMD－F 算法在 118 节点系统中的计算效率平均提高了 25.4％，在 445 节点系统中的计算效率平均提高了 35.1％，并且保持了与 BMD 算法相同的计算精度，这验证了 BDM－F 算法的有效性。

# 6.4　本章小结

在本章中，提出一种计及风电功率概率分布不确定性的有效静态安全域方法。方法首先利用风电功率历史数据，构建了风电模糊集，用以描述风电的高阶不确定性。同时，为了保证系统运行的鲁棒性，模糊集中的最劣概率分布被找到，并应用于风电接纳风险的估计中，求得了最劣风力发电概率分布条件下的最优决策，在获得发电机组运行基点与参与因子的同时，优化得到各个节点风电功率的扰动接纳范围。文中分析了不同模糊集构建方法的异同，并提出了一种针对该问题的无效约束快速筛选方法，在不降低计算精度的同时，显著提高模型的求解效率。IEEE 118 节点系统和实际 445 节点系统上的仿真结果验证了该方法的有效性。

# 第 7 章

# 总结与展望

随着可再生能源发电并网规模的不断扩大，电力系统运行中的不确定性不断增强。为此，如何利用电力系统有限的可调度资源，更好地接纳高比例可再生能源发电，协调电力系统运行经济性与对可再生能源发电的接纳能力，减少弃风、弃光、切负荷等现象的发生，已成为电力系统运行调度理论发展所必须解决的重要问题。在此背景下，本书对含不确定性可再生能源发电电力系统的有功调度问题进行了专门的分析与阐述，给出了"电力系统运行调度的有效静态安全域法"系列方法，初步建立了基于有效静态安全域实施电力系统运行调度的理论基础。本书的主要成果与结论总结如下：

（1）针对含高比例可再生能源电力系统的运行调度问题，阐述了电力系统有效静态安全域的概念与定义。阐明在电力系统的运行调度中，除了要对系统运行中的主动量进行优化决策外，还需要对被动量的可接纳范围，即系统运行的有效静态安全域进行优化，实现主动量调控成本与被动量接纳风险之间的折中。电力系统运行调度的有效静态安全域方法，是传统调度方法在含高比例可再生能源电力系统中的扩展，是提高电力系统运行调控水平及应对可再生能源发电不确定性的有效方法。

（2）电力系统运行调度的有效静态安全域，是传统备用概念的扩展。电力系统传统调度决策中的备用配置，聚焦的是主动量的调节能力，然而，主动量所配置的备用，由于受到网络输电能力的限制、网流分配规律的制约，备用容量并不能全部地、任意地释放到指定的扰动节点，有效应对扰动。换句话说，由于网络相关约束的存在，使得主动量存在无效的备用。相比较而言，有效静态安全域法则是更加直接关注被动量接纳能力的决策方法，通过对主动量备用释放过程的建模，实现主动量备用配置与被动量接纳范围的直接映射，从而更加聚焦到有效的、传递到扰动节点的备用容量，剔除无效备用，实现主动量调控代价与被动量接纳风险的精准统筹决策。

（3）书中介绍了作者团队基于有效静态安全域概念已做的部分研究工作，主要包括：利用优先目标规划方法实现有效静态安全域最大化为目标的实时调度方法及相应的保守度控制方法，此类方法类似于鲁棒优化方法，无需概率分布信息即可进行发电、备用与有效静态安全域的统筹决策；构建能够兼顾扰动量概率分布特征的有效静态安全域法、考虑多时段柔性容量需求的有效静态安全域法，这类方法可以兼顾随机优化与鲁棒优化的特点，通过引入统计概率信息，降低决策的保守度；提出计及不确定量非精确概率分布特征的有效静态安全域方法，这一方法考虑了概率分布自身的高阶不确定性问题，能够更好地模拟现实决策环境，属于数据驱动的范畴，能够进一步提高决策的有效性。

　　本书提出了电力系统运行调度有效静态安全域法的基本理念及几种具体的应用方法，其理论体系距离完善尚有明显的差距。近来，研究团队在考虑电压支撑能力的有效静态安全域法、考虑输配协调的有效静态安全域法方面，也已经开展了初步的研究，获得了一定的进展，这些研究内容的开展与完成，将使电力系统有效静态安全域法的理论体系更加完整，从而可以更好地满足高比例可再生能源发电并网，尤其是分散式并网条件下，电力系统运行调度的现实需求。此外，由于综合能源系统近年来发展迅速，故得到了不少的关注。综合能源系统的建设与统筹决策，为电力系统灵活性的提升提供了可观的空间。正如本书引言部分所述，在综合能源系统中，很多问题都可以转化为带有仿射补偿的二阶段决策问题，从而可以直接借鉴本书方法进行解决。应用本书方法解决综合能源系统决策问题，提升综合能源系统在不确定运行条件下的运行效益，也是有效静态安全域方法能够得到进一步发展的可行的研究方向。

# 参 考 文 献

［1］ 陈礼义，余贻鑫．电力系统的安全性和稳定性［M］．北京：科学出版社，1988．

［2］ BEN – TAL A, GHAOUI L E, NEMIROVSKI A. Robust optimization［J］. Princeton University Press Princeton Nj, 2009, 2（3）：542.

［3］ BECK A, BEN – TAL A. Duality in robust optimization：Primal worst equals dual best［J］. Operations Research Letters, 2009, 37（1）：1 – 6.

［4］ BEN – TAL A, NEMIROVSKI A. Robust solutions of Linear Programming problems contaminated with uncertain data［J］. Mathematical Programming, 2000, 88（3）：411 – 424.

［5］ LIU C, SHAHIDEHPOUR M, WU L. Extended benders decomposition for two – stage SCUC ［J］. IEEE Transactions on Power Systems, 2010, 25（2）：1192 – 1194.

［6］ ZENG B, ZHAO L. Solving two – stage robust optimization problems using a column – and – constraint generation method［J］. Operations Research Letters, 2013, 41（5）：457 – 461.

［7］ GUAN Y, WANG J. Uncertainty sets for robust unit commitment［J］. IEEE Transactions on Power Systems, 2014, 29（3）：1439 – 1440.

［8］ LI Z, TANG Q, FLOUDAS C A. A comparative theoretical and computational study on robust counterpart optimization：ii. Probabilistic guarantees on constraint satisfaction［J］. Industrial & Engineering Chemistry Research, 2012, 51（19）：6769 – 6788.

［9］ LI Z, DING R, FLOUDAS C A. A comparative theoretical and computational study on robust counterpart optimization：i. Robust linear optimization and robust mixed integer linear optimization［J］. Industrial & Engineering Chemistry Research, 2011, 50（18）：10567 – 10603.

［10］ BERTSIMAS D, LITVINOV E, SUN X A, et al. Adaptive robust optimization for the security constrained unit commitment problem［J］. IEEE Transactions on Power Systems, 2013, 28 （1）：52 – 63.

［11］ SOYSTER A L. Convex programming with set – inclusive constraints and applications to inexact linear programming［J］. Operations Research, 1973, 21（5）：1154 – 1157.

［12］ ROCKAFELLAR R T, URYASEV S. Optimization of conditional value – at – risk［J］. Journal of Risk, 2000, 2（1）：1071 – 1074.

［13］ 王壬，尚金成，冯旸，等．基于 CVaR 风险计量指标的发电商投标组合策略及模型［J］．电力系统自动化，2005, 29（14）：5 – 9.

［14］ 韩学山，赵建国．刚性优化与柔性决策结合的电力系统运行调度理论探讨［J］．中国电力，2004, 37（1）：15 – 18.

［15］ 杨明，韩学山，王士柏，等．不确定运行条件下电力系统鲁棒调度的基础研究［J］．中国电机工程学报，2011, 31（S1）：100 – 107.

［16］ 魏韡，刘锋，梅生伟．电力系统鲁棒经济调度（一）理论基础［J］．电力系统自动化，2013, 37（17）：37 – 43.

［17］ 孙元章，吴俊，李国杰，等．基于风速预测和随机规划的含风电场电力系统动态经济调

度［J］. 中国电机工程学报, 2009, 29（04）: 41 – 47.

［18］ YAKIN M Z. Stochastic economic dispatch in electrical power systems［J］. Engineering Optimization, 2007, 8（2）: 119 – 135.

［19］ MIRANDA V, HANG P S. Economic dispatch model with fuzzy wind constraints and attitudes of dispatchers［J］. IEEE Transactions on Power Systems, 2005, 20（4）: 2143 – 2145.

［20］ CHEN H, CHEN J, DUAN X. Fuzzy modeling and optimization algorithm on dynamic economic dispatch in wind power integrated system［J］. Automation of Electric Power Systems, 2006, 30（2）: 22 – 26.

［21］ 梅生伟, 郭文涛, 王莹莹, 等. 一类电力系统鲁棒优化问题的博弈模型及应用实例［J］. 中国电机工程学报, 2013, 33（19）: 47 – 56.

［22］ JIANG R, WANG J, GUAN Y. Robust unit commitment with wind power and pumped storage hydro［J］. IEEE Transactions on Power Systems, 2012, 27（2）: 800 – 810.

［23］ 张伯明, 吴文传, 郑太一, 等. 消纳大规模风电的多时间尺度协调的有功调度系统设计［J］. 电力系统自动化, 2011, 35（1）: 1 – 6.

［24］ MARANNINO P, GRANELLI G P, MONTAGNA M, et al. Different time – scale approaches to the real power dispatch of thermal units［J］. IEEE Transactions on Power Systems, 1990, 5（1）: 169 – 176.

［25］ 雷宇, 杨明, 韩学山. 基于场景分析的含风电系统机组组合的两阶段随机优化［J］. 电力系统保护与控制, 2012, 40（23）: 58 – 67.

［26］ L W W. Operations research: Applications and Algorithms［M］. Duxbury Press, 2003.

［27］ ZHU J Z, FAN R Q, XU G Y, et al. Construction of maximal steady – state security regions of power systems using optimization method［J］. Electric Power Systems Research, 1998, 44（2）: 101 – 105.

［28］ MA J, YANG M, HAN X, et al. Ultra – short – term wind generation forecast based on multivariate empirical dynamic modeling［J］. IEEE Transactions on Industry Applications, 2018, 54（2）: 1029 – 1038.

［29］ LIN Y, YANG M, WAN C, et al. A multi – model combination approach for probabilistic wind power forecasting［J］. IEEE Transactions on Sustainable Energy, 2018.

［30］ YANG M, ZHU S, LIU M, et al. One parametric approach for short – term jpdf forecast of wind generation［J］. IEEE Transactions on Sustainable Energy, 2014, 50（4）: 2837 – 2843.

［31］ JOYE A, PFISTER C E. Power generation, operation and control［M］. New Jersey: John Wiley & Sons, 1984.

［32］ WANG S J, SHAHIDEHPOUR S M, KIRSCHEN D S, et al. Short – term generation scheduling with transmission and environmental constraints using an augmented lagrangian – relaxation［J］. IEEE Transactions on Power Systems, 1995, 10（3）: 1294 – 1301.

［33］ 杨明, 韩学山, 梁军, 等. 基于等响应风险约束的动态经济调度［J］. 电力系统自动化, 2009, 33（01）: 14 – 17.

［34］ http: //www.powersdu.com/col.jsp? id = 101［EB/OL］. http: //www.powersdu.com/

col. jsp? id = 101.

［35］ZIMMERMAN R D, EDMUNDO Murillo – Sanchez C, THOMAS R J. Matpower: steady – state operations, planning, and analysis tools for power systems research and education ［J］. IEEE Transactions on Power Systems, 2011, 26 （1）: 12 – 19.

［36］KOLODZIEJ S, CASTRO P M, GROSSMANN I E. Global optimization of bilinear programs with a multiparametric disaggregation technique ［J］. Journal of Global Optimization, 2013, 57 （4）: 1039 – 1063.

［37］WICAKSONO D S, KARIMI I A. Piecewise MILP under – and overestimators for global optimization of bilinear programs ［J］. Aiche Journal, 2008, 54 （4）: 991 – 1008.

［38］WANG M Q, GOOI H B, CHEN S X. Optimising probabilistic spinning reserve using an analytical expected – energy – not – supplied formulation ［J］. IET Generation Transmission & Distribution, 2011, 5 （7）: 772 – 780.

［39］ZHAO C, WANG J, WATSON J, et al. Multi – stage robust unit commitment considering wind and demand response uncertainties ［J］. IEEE Transactions on Power Systems, 2013, 28 （3）: 2708 – 2717.

［40］DVORKIN Y, PANDZIC H, ORTEGA – VAZQUEZ M A, et al. A hybrid stochastic/interval approach to transmission – constrained unit commitment ［J］. IEEE Transactions on Power Systems, 2015, 30 （2）: 621 – 631.

［41］WANG M Q, GOOI H B, ChEN S X, et al. A mixed integer quadratic programming for dynamic economic dispatch with valve point effect ［J］. IEEE Transactions on Power Systems, 2014, 29 （5）: 2097 – 2106.

［42］BIAN Q, XIN H, WANG Z, et al. Distributionally robust solution to the reserve scheduling problem with partial information of wind power ［J］. IEEE Transactions on Power Systems, 2015, 30 （5）: 2822 – 2823.

［43］CHEN X, WU W, ZHANG B. Robust restoration method for active distribution networks ［J］. IEEE Transactions on Power Systems, 2016, 31 （5）: 4005 – 4015.

［44］李文沅. 电力系统安全经济运行——模型与方法 ［M］. 重庆: 重庆大学出版社, 1989.

［45］WANG Z, BIAN Q, XIN H, et al. A distributionally robust co – ordinated reserve scheduling model considering cvar – based wind power reserve requirements ［J］. IEEE Transactions on Sustainable Energy, 2017, 7 （2）: 625 – 636.

［46］WEI W, LIU F, MEI S. Distributionally robust co – optimization of energy and reserve dispatch ［J］. IEEE Transactions on Sustainable Energy, 2016, 7 （1）: 289 – 300.

［47］张昭遂, 孙元章, 李国杰, 等. 计及风电功率不确定性的经济调度问题求解方法 ［J］. 电力系统自动化, 2011, 35 （22）: 125 – 130.

［48］WANG C, LIU F, WANG J, et al. Risk – based admissibility assessment of wind generation integrated into a bulk power system ［J］. IEEE Transactions on Sustainable Energy, 2016, 7 （1）: 325 – 336.

［49］ROSS D W, KIM S. Dynamic economic dispatch of generation ［J］. IEEE Transactions on

Power Apparatus & Systems, 1980, PAS – 99 (6): 2060 – 2068.

［50］ WU W, CHEN J, ZHANG B, et al. A robust wind power optimization method for look – ahead power dispatch ［J］. IEEE Transactions on Sustainable Energy, 2014, 5 (2): 507 – 515.

［51］ GU Y, XIE L. Stochastic look – ahead economic dispatch with variable generation resources ［J］. IEEE Transactions on Power Systems, 2017, 32 (1): 17 – 29.

［52］ LI Z, WU W, ZHANG B, et al. Efficient location of unsatisfiable transmission constraints in look – ahead dispatch via an enhanced lagrangian relaxation framework ［J］. IEEE Transactions on Power Systems, 2015, 30 (3): 1233 – 1242.

［53］ WU H, SHAHIDEHPOUR M, ALABDULWAHAB A, et al. Thermal generation flexibility with ramping costs and hourly demand response in stochastic security – constrained scheduling of varia-ble energy sources ［J］. IEEE Transactions on Power Systems, 2015, 30 (6): 2955 – 2964.

［54］ YU H, CHUNG C Y, WONG K P, et al. A chance constrained transmission network expansion planning method with consideration of load and wind farm uncertainties ［J］. IEEE Transactions on Power Systems, 2009, 24 (3): 1568 – 1576.

［55］ NAVID N, ROSENWALD G. Market solutions for managing ramp flexibility with high penetra-tion of renewable resource ［J］. IEEE Transactions on Sustainable Energy, 2012, 3 (4SI): 784 – 790.

［56］ THATTE A A, XIE L. A metric and market construct of inter – temporal flexibility in time – coupled economic dispatch ［J］. IEEE Transactions on Power Systems, 2016, 31 (5): 3437 – 3446.

［57］ KOUZELIS K, TAN Z H, BAK – JENSEN B, et al. Estimation of residential heat pump con-sumption for flexibility market applications ［J］. IEEE Transactions on Smart Grid, 2015, 6 (4): 1852 – 1864.

［58］ CLAVIER J, BOUFFARD F, RIMOROV D, et al. Generation dispatch techniques for remote communities with flexible demand ［J］. IEEE Transactions on Sustainable Energy, 2015, 6 (3): 720 – 728.

［59］ ZHANG X, HUG G, HARJUNKOSKI I. Cost – effective scheduling of steel plants with flexible EAFs ［J］. IEEE Transactions on Smart Grid, 2017, 8 (1): 239 – 249.

［60］ MA J, SILVA V, BELHOMME R, et al. Evaluating and planning flexibility in sustainable pow-er systems ［J］. IEEE Transactions on Sustainable Energy, 2013, 4 (1): 200 – 209.

［61］ MENG K, YANG H, DONG Z Y, et al. Flexible operational planning framework considering multiple wind energy forecasting service providers ［J］. IEEE Transactions on Sustainable Ener-gy, 2016, 7 (2): 708 – 717.

［62］ WU C, HUG G, KAR S. Risk – limiting economic dispatch for electricity markets with flexible ramping products ［J］. IEEE Transactions on Power Systems, 2016, 31 (3): 1990 – 2003.

［63］ YANG M, WANG M Q, CHENG F L, et al. Robust economic dispatch considering automatic generation control with affine recourse process ［J］. International Journal of Electrical Power & Energy Systems, 2016, 81: 289 – 298.

［64］ LI Z, WU W, ZHANG B, et al. Adjustable robust real－time power dispatch with large－scale wind power integration ［J］. IEEE Transactions on Sustainable Energy, 2015, 6 (2): 357－368.

［65］ Eirgrid Group. Wind power and load data ［EB/OL］. http：//www. eirgridgroup. com/how－the－grid－works/system－information.

［66］ BOUFFARD F, GALIANA F D. Stochastic security for operations planning with significant wind power generation ［J］. IEEE Transactions on Power Systems, 2008, 23 (2): 306－316.

［67］ 周安平, 杨明, 赵斌, 等. 电力系统运行调度中的高阶不确定性及其对策评述 ［J］. 电力系统自动化, 2018, 42 (12): 173－183.

［68］ BIAN Q, XIN H, WANG Z, et al. Distributionally robust solution to the reserve scheduling problem with partial information of wind power ［J］. IEEE Transactions on Power Systems, 2015, 30 (5): 2822－2823.

［69］ DUAN C, JIANG L, FANG W, et al. Data－driven distributionally robust energy－reserve－storage dispatch ［J］. IEEE Transactions on Industrial Informatics, 2018, 14 (7): 2826－2836.

［70］ WEI W, LIU F, MEI S. Distributionally robust co－optimization of energy and reserve dispatch ［J］. IEEE Transactions on Sustainable Energy, 2016, 7 (1): 289－300.

［71］ MATT G, DAVID K. Evenly sensitive ks－type inference on distributions ［J］. David Kaplan, 2015.

［72］ WALLEY P, WALLEY P. Statistical reasoning with imprecise probabilities ［M］. London: Chapman and Hall, 1991.

［73］ BERNARD J M. An introduction to the imprecise Dirichlet model for multinomial data ［J］. International Journal of Approximate Reasoning, 2005, 39 (2): 123－150.

［74］ WALLEY P. Inferences from multinomial data: Learning about a bag of marbles ［J］. Journal of The Royal Statistical Society Series B－Methodological, 1996, 58 (1): 3－34.

［75］ YANG M, WANG J, DIAO H, et al. Interval estimation for conditional failure rates of transmission lines with limited samples ［J］. IEEE Transactions on Smart Grid, 2018, 9 (4): 2752－2763.

［76］ ZHAI Q, GUAN X, CHENG J, et al. Fast identification of inactive security constraints in scuc problems ［J］. IEEE Transactions on Power Systems, 2010, 25 (4): 1946－1954.